U0122711

Edwin sir
Michael Chau
Charles Lam

目錄

第四章 5G 第二期個股分析 111

第五章 5G 第三期個股分析 199

第六章 5G 新時代已經到來 233

第一章 5G網絡

什麼是 5G ？

每一代通訊網絡的發展，離不開大幅提升網速、提高網絡容量、減少延時、節省能源、降低數據傳輸的成本，以及能夠同時連接大量無線設備。據國際電訊聯盟（ITU）的要求，5G 的要求是每秒最快可傳送 20GB 的數據，網絡延遲僅 1 毫秒（即 1/1000 秒），以及實現大容量多天線同時接入（MIMO）。

對比目前 4G 網絡技術，容許網絡延遲約為 70 毫秒，每秒可傳送 1GB 的數據。可見，5G 不論在網絡速度、網絡容量及延遲上，都有大幅進步。

而為達到這種比 4G 網絡快 20 倍的 5G 網絡，電訊技術及設備也要大幅升級。當中比較顯著的改動，是使用更多的電訊頻譜作為傳送數據的媒介。

在物理學上，頻譜愈闊，傳送速度愈快。為達至目標速度，5G 網絡需要利用大量頻譜資源，而各國也陸續將 3.5GHz 及 6GHz 的頻譜資源逐步清空，為未來建設 5G 網絡做準備。同時，部分電訊設備商也在發展更高頻、可用頻譜闊的「毫米波」，即超過 24GHz 以上的頻譜資源，令網絡速度及容量進一步提升。

然而，同樣是物理學的特性，頻率愈高，信號的穿透能力則愈弱。舉一例子，高頻率的 X 光無法穿過人體骨骼，但低頻率的紅外線卻可以「穿牆」探測熱源，在山泥傾瀉、雪崩中尋找生還者。將這個原理應用在電訊網絡上，讀者可以理解到頻率相對較低的 3.5GHz 及 6GHz 頻譜網

絡覆蓋範圍較為廣泛；而頻率高的「毫米波」，雖然可用頻譜較多，可以提供更高的網絡速度，但覆蓋範圍則較低頻率的頻譜小。

如果電訊商計劃將「毫米波」作大範圍的覆蓋，就需要增加資源安裝大量小型基站（Small Cell），同時也需要使用大量電力、維修及升級成本，才能令這些小型基站持續運作及向用戶提供服務，資本開支及營運成本都會大幅增加。

所以，在成本效益角度下，電訊業界首階段將會大致使用 3.5GHz 的頻譜網絡部署 5G，因其與現有 4G 網絡所用到 1.8GHz 及 2.6GHz 的頻譜相近，故此只要透過升級目前的 4G 信號發射基站，並提高功率增強覆蓋能力，則可將目前的網絡升級至 5G。

不過長遠而言，電訊商則會視乎同業競爭、市場需求、新業務的出現等因素，決定引入毫米波基站的時機。換言之，假如消費者認為 4G 網速及容量已足夠使用，也沒有新的互聯網服務驅使他們有升級至更快更暢順的 5G 網絡需要，電訊商使用 3.5GHz 頻譜提供 5G 服務已滿足客戶的話，他們進一步升級的意願或會放緩，影響行業「更新換代」的步伐，或會令電訊相關產業的業績受壓。

反之，如同 WhatsApp 驅使用戶升級 3G，社交網絡及串流媒體令用戶升級至 4G 一樣，若有新產業突然「爆出」，吸引用戶加快遷移至 5G 網絡，全球電訊商會加快部署「毫米波」基站，屆時整個電訊產業將會重新受市場注意。

由於「毫米波」所需的投資極高，屆時各電訊商或會磋商共同組建

電訊網絡，攤分成本，最終可推出消費者接受的價格，故網絡租賃公司的角色會更為重要。電訊商會依靠網絡租賃公司，在偏遠或流量不高的地區提供網絡，節省大筆成本，將資源集中發展熱點基站部署，以突顯公司網絡的穩定性。

同時，由於中國在 5G 上希望有更高度的自主技術，扭轉在 3G 及 4G 時代因大部分專利被外國控制，變成向國外提供資金、幫助這些企業研發新技術，於是也用各種方法，在研發上急速追上歐美發達國家，5G 的技術專利也成為各個電訊設備商爭奪的對象。

據德國專利資料庫公司 IPlytics 數據，截至 2018 年底，華為及中興通訊在 5G 標準必要專利申請數位居前列，比重分別為 15% 及 11.7%，在 5G 設備上與其他國際對手，如諾基亞、三星、LG 等相比，有一定的競爭力。

產業應用

事實上，經過多年的 4G 發展，網絡速度愈快，網絡成本大幅下降，令很多新興互聯網產業出現並演化。例如社交媒體由過去以文字及照片為主，逐步變成以影片為主，如 Instagram、抖音等手機應用程式，在年輕一族中成為大熱產品；手機遊戲、網絡直播（Live Streaming）、網紅及電子競技也受惠於 4G 網絡而大幅成長。

目前全球各地已開通及推出 5G 服務的電訊商，價格與現時的 4G 網絡相差不遠，相信它們已考慮消費者的負擔能力及需求，但同時也有不少消費者提出，手機難以接收 5G 信號。這反映目前電訊商只在部分地區開

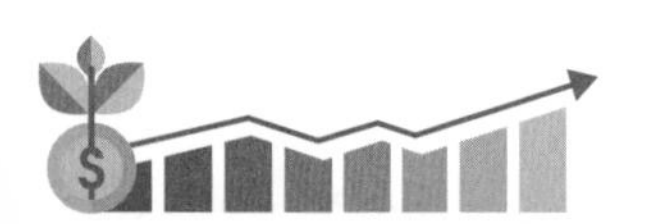

通 5G 網絡，但對 5G 發展仍觀望，或認為 5G 網絡未必帶動消費者主動升級。

4G 網絡以發展民生應用為主，但最近一兩年，部分營運多年的 4G 電訊商已開始透過減價競爭，反映市場已開始滿足於目前的網絡速度及容量，即網絡容量的增長已能應付目前用戶對網絡用量的需求；反映 4G 網絡產業發展似乎已見頂，故若沒有更多新的軟件服務，一般消費者升級至 5G 網絡的意欲並不大。

國際電訊聯盟（ITU）預計，隨着 5G 網絡開通，在 2020 年至 2030 年期間數據流量將增加 10 至 100 倍；2025 年起，互聯網上連接的設備數量預計將達到 500 億部。該組織認為，5G 技術預計將支持智能家庭和建築、智能城市發展、3D 視頻、雲端工作和娛樂、遠程醫療服務、虛擬（VR）和增強實境（AR），以及用於工業自動化的大規模機器對機器通訊等應用，如無人駕駛、智能監控等，而目前的 3G 和 4G 網絡，都無法迅速傳送大量數據，以作即時運算及決策。

所以電訊業界預期，5G 網絡升級後，更高速的網絡速度，對已經滿足影片播放需求的民眾，似乎並不太重要，所以其重點用戶並非一般的手機用戶，而是讓整個「產業互聯網」的發展更趨成熟。以下都是受惠於 5G 網絡而有望發展的產業：

5G 手機及智能硬件：

雖然手機已經飽和，不過 5G 手機也是會持續發展。目前新手機創新度不足，市場會比較關注虛擬實境（VR）及增強實境（AR）的發展，加上用戶對拍攝及照片質素的要求不斷升級，手機鏡頭數目也會不斷增加

及引入新技術，例如有數倍光學變焦潛望鏡頭等，以提高拍攝質素。

更快及更低延時的網絡，與消費者穿著相關的物件，也有可能成為「物聯網」的一員，「聯網」成為智能硬件。例如智能眼鏡、手表、耳機、衣服等，或許會加入更多傳感器，對用戶的健康及危機預測會更準確。

雲端工作：

5G 網絡能夠即時處理大量數據，員工能夠更流動地應付手上的工作。部分行業可能毋須實體辦公室，員工甚至只要一部手機，即可開展業務及工作；處理的文件及資料，都可以存放在雲端，隨時使用，員工可自行安排時間完成，而企業也可節省辦公室成本，提高生產力，各取所需。

3D 視頻、虛擬（VR）和增強實境（AR）：

3D 視頻、虛擬和增強實境所用到的數據量比高清影片更多。同時，使用增強實境技術的機器，如智能眼鏡，需要快速地收集用戶附近環境及查詢物件之數據，傳送至數據中心運算比對，再作出回應，為用戶提供建議及解決問題，目前 4G 網絡速度仍然無法做到。

智能監控及工業自動化：

以智能農場為例子，數以百計部署在農場的傳感器，可以無間斷地觀察農場環境變化，例如光照水平、溫度、濕度、土壤養分及水含量等，透過 5G 網絡即時傳送至數據中心比對。假如超過正常水平，即啟動無人機灑水，或開啟帳幕保溫保濕，全程毋須人手參與，也毋須在整個農場鋪設光纖網絡，大幅降低營運成本。

無人駕駛汽車：

利用車內的光學雷達及多個鏡頭，評估汽車的位置，以及與前後汽車的距離是否安全。同時透過機器溝通，在轉線、「爬頭」程序上會更安全。另一方面，在遇上一些突發狀況時，可以將數據即時傳回數據中心，由數據中心評估及反應，令無人駕駛汽車可以應付路面上所有突發狀況。

目前，不少創新公司都有意先發展電動車，作為研發無人駕駛汽車的入場券。而被市場視為電動車及無人駕駛的先驅、「汽車界的蘋果」特斯拉（Tesla）已取得大量優勢。內地特斯拉生產廠房已經開始投產，其 Model 3 汽車進入中國市場，有望令公司汽車銷售量高速增長，收入進一步攀升，業績扭虧為盈。

然而，科技巨頭也不斷研發無人駕駛技術，例如 Uber 及 Google 等。未來，隨着無人駕駛汽車的發展，或許最終與當年智能手機發展一樣，成為「蘋果鬥 Android」的格局。

遙距醫療：

受惠於低至 1 毫秒的網絡延遲，只要有相應的手術器材，醫生「足不出戶」就能透過各個傳感器及監控鏡頭，為遙遠的地區安排手術。網絡設備商華為於 2019 年 1 月邀請醫生利用 5G 網絡，成功為 50 公里外醫院的實驗動物進行遠端肝小葉切除手術，成為全球首宗 5G 外科手術動物實驗。

行業用語

基站：

即接收及發射信號的天線。在香港，一般部署在大廈天台上，部分熱點地區，如銅鑼灣及旺角，有時電訊商會在大廈外牆伸出支架，再掛上基站，降低用戶難以在熱點地區接收信號的問題。

微型基站：

與一般基站比較，微型基站體積較小，換言之部署彈性更大。不過其覆蓋力較差，所以電訊商通常以大型基站作大範圍網絡覆蓋，輔以微型基站安裝於網絡盲點或熱點等地。在 5G 網絡上，由於毫米波覆蓋能力較差，故電訊商需要部署大量微型基站，用戶才能夠享受 5G 真正的「極速」網絡。

光纖電纜：

所有無線通訊，最終都需要「落地」，即傳回電訊商的實體光纖通訊網絡，才能將數據更快速傳送至數據中心作運算及給予回應等用途。光纖電纜的速度及容量一般較無線網絡為高，但隨着無線網絡升級，光纖電纜也會同步升級，以避免被無線網絡「跑贏」，而成為限制網速的因素。

熱點：

很多用戶使用無線網絡的地區，一般是在眾多遊人及店舖進駐的工商業地區。例如銅鑼灣、旺角、灣仔及觀塘等地。

網絡延遲：

即數據在網絡中傳輸的時間。以手機遊戲為例，假如出現明顯的網

絡延遲，即超過 0.1 秒（即 100 毫秒），玩家會發現對遊戲角色下達指令時，會感到遲緩，甚至有機會斷線。

市場對速度更快、網絡更穩定的通訊服務有迫切需求，於是全球的通訊網絡也不斷推陳出新。自 2010 年代部署 4G 網絡及營運成熟後，先進國家已逐步發展 5G 網絡，這也被視為「下一代通訊網絡」及 4G 網絡的延伸。不少投資者會參考 4G 網絡的發展，從而對個別板塊及個股作出投資決策。

第二章

5G產業鏈大解構

3G 和 4G 商用後，網絡覆蓋範圍和上網速度不斷增加，促使流動應用程式（App）應用行業快速發展。例如，3G 和 4G 牌照發放後 1 至 2 年內，WhatsApp、Facebook、YouTube、Netflix、Spotify、Google Maps、Uber、微信、滴滴打車、移動支付等新穎流動應用程式的誕生和快速成長。

同道理，5G 網絡建設也將促進新世代 App 的出現和快速增長。5G 預計將催生更酷炫、更豐富的流動應用程式。

5G 主建設期將持續 5 至 6 年，主建設期為 2019 至 2025 年。按行業受惠時間劃分，5G 的產業鏈主要包括第一期、第二期、第三期。

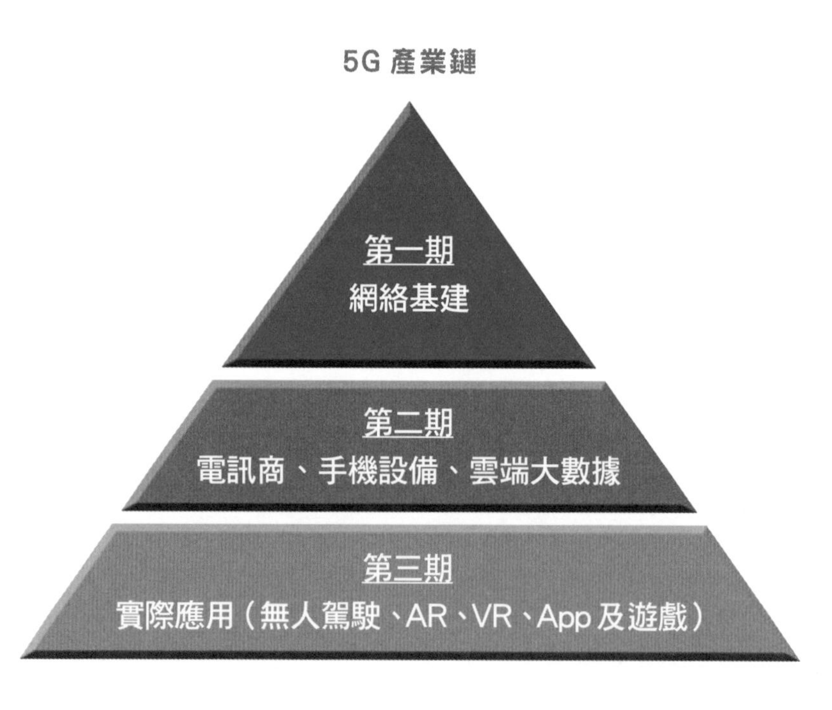

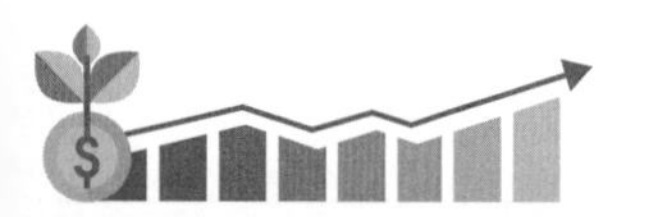

2.1 5G 第一期

5G 第一期主要包括網絡基建部分。一個完整的通訊網絡基建產業鏈主要包括以下幾個細分部分：

1. 無線主設備（基站設備、基站天線及陣子、射頻器件、光模塊及光器件、PCB 等）
2. 傳輸設備（傳輸設備、PCB、光模塊及光器件）
3. 小基站
4. 光纖光纜
5. 站址 / 鐵塔供應商
6. 網絡規劃設計服務商
7. 系統集成商（包括網絡建設工程、網絡優化工程、網絡維護工程等）
8. 計費系統等軟件

由於第一期牽涉到非常多的行業，限於篇幅關係，我們只挑選幾個與後面介紹的股票相關的行業重點講解。

基站天線

目前，中國的基站天線企業在全球市場已佔據重要份額。據 EJL Wireless Research 發布的全球基站天線報告顯示，2011 年中國前四大基站天線廠商（華為、京信、摩比、通宇）出貨量在全球基站天線市場僅佔據全球 20.5% 的市場份額，其中華為 1.2%、京信通信 11.2%、摩比發展 4.9%、通宇通訊 3.2%。到了 2017 年，中國前四大基站天線廠商出貨量在全球基站天線市場佔據了全球大約 60% 的市場份額，其中華為 32%、京信通信 13%、摩比發展 8%、通宇通訊 7%。

基站

預計到 2020 年 5G 商用正式展開前，中國 4G 宏基站總量達到 400 萬個以上，考慮 5G 頻譜分配、大規模天線及上下行解耦帶來的覆蓋提升，中國 5G 宏建站密度將至少是 4G 基站的 1.5 倍，總數或將達到 600 萬個。

根據中國信通院數據，假設 5G 時代中國延續既有優勢，5G 宏基站建設數量佔據全球 60%，則全球 5G 宏基站建設規模總量有望達到 1000 萬個。

5G 的高頻特性使小基站的部署更加密集。在 5G 場景中，小基站之間的間距很小（10 至 20 米），對比宏基站最短間距也要達到 500 米。如果小基站要實現連續覆蓋，其數量規模將遠遠高於宏基站，因此小微基站、室內基站、毫米波基站為未來潛在增量。

中國內地基站的建設中主要受惠股是中國鐵塔（0788），我們會在下一章介紹。

光纖光纜

5G 通訊技術應用中，光纖光纜主要用於基站數據傳送。

光纖由芯層、包層和塗覆層構成，作為一種傳輸光束的介質，廣泛應用於通訊行業。光纖是用來製作光纜的主要組成部分，是光纜中實際承擔通訊傳輸的材料。

近年來，中國光纖市場持續增長。相關數據顯示，2017 年中國光纖產量達到 3.64 億芯公里，按年增長 15.7%，佔全球產量的 65%。

隨着 5G 技術的發展，預計全球光纖的市場需求將進一步擴大。

第一期產業鏈受惠時間表

5G 產業鏈環節投資時序

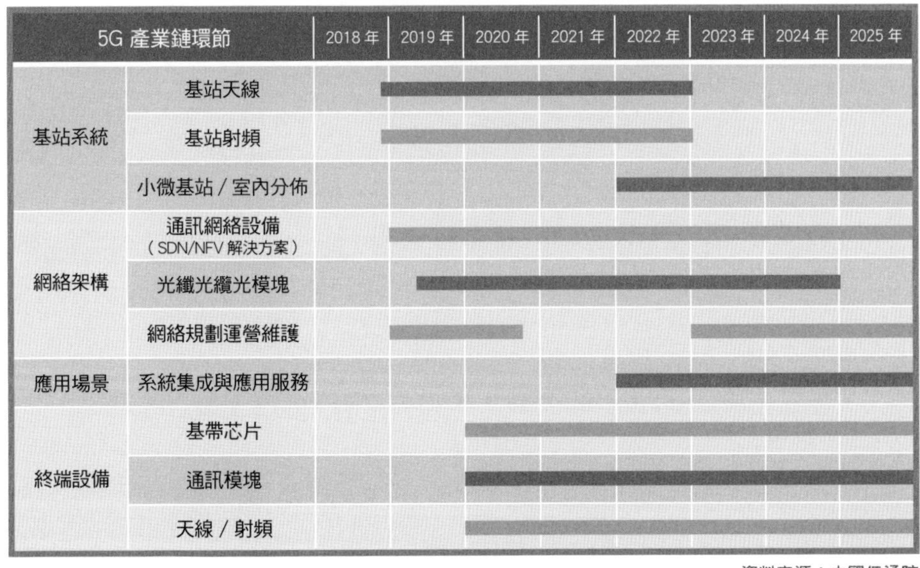

資料來源：中國信通院

2.2 5G 第二期

5G 的第二期主要包括電訊商、手機製造商以及提供雲端和大數據服務的公司。

5G「網絡＋終端」變革，驅動 5G「內容＋應用」

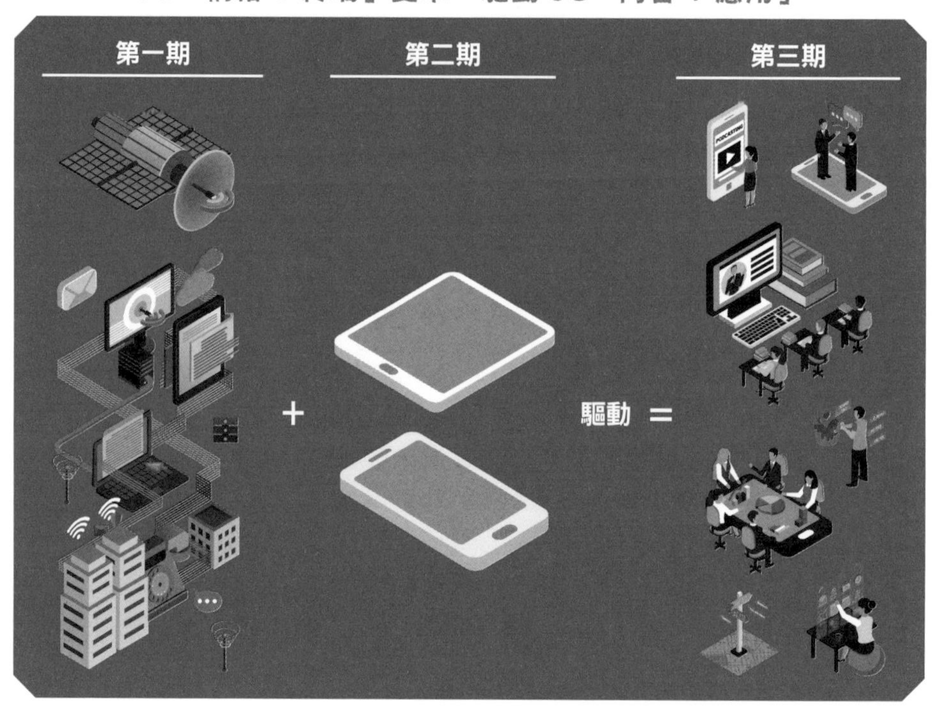

電訊商

對於電訊商，5G 基建投資巨大，如何實現 5G 商業變現是關鍵。

根據過往經驗，新技術所帶來的容量和體驗優勢將是電訊商提升每

用戶平均收入（ARPU）、實現商業變現的重要機會。4G 部署初期，國際一線電訊商曾普遍增加套餐中的數據流量並綑綁內容資源，例如視頻、音樂等，同時提高套餐價格。這樣發揮了 4G 網絡相對 3G 在容量和體驗方面的優勢，有效地帶動了 ARPU 的提升。

相信在 5G 商用後，電訊商可能會採取類似策略，並逐步增加用戶體驗基礎的網絡變現。

雲端、大數據

提高網絡速度，必然對雲端存儲和雲端計算提出更高的要求，所以雲計算、大數據行業也將大大收益。

終端的計算，存儲上雲 + 企業上雲 + 直播、超清視頻、大數據、物聯網、AR / VR 等新應用的廣泛普及，將使雲端數據流量呈指數級增長。雲計算持續高景氣，將驅動數據中心基礎設施建設持續快速增長。

雲端服務公司例如 Microsoft、Amazon、Google、阿里巴巴、騰訊、金山軟件、金蝶軟件等公司將受惠。

智能手機及可穿戴設備（Wearable）

從 2G 到 3G 再到 4G，每一代移動通訊網絡的普及，改變的都是智能手機本身，如今使用 4G 網絡的設備也主要是手機。但 5G 改變的將不止手機。正如第一章所言，5G 不僅有更高的速度，還有更低的延遲和更大的容量，這會帶來更豐富的應用。

5G 具備的三大特色：eMBB（增強移動寬頻）、mMTC（大規模機器類型通訊）和 URLLC（超可靠和低時延通訊），不但將更大程度提升

人們的智能手機使用體驗，甚至改變智能手機的價值定位。

5G 時代的手機會變得更加聰明，可以取代個人電腦等設備。手機將借助高頻寬和低延時、雲端加終端，再基於更成熟的 AI 技術，幫助人們完成更多任務，提供娛樂、協作、生活、金融等多方面的信息。這時手機不只是數碼生活助理，更是智能助理。

對於 5G 的手機外形，折疊屏幕很有可能普及，將來的手機屏幕會更大、更清晰、更省電。

它便攜移動，原有的基本功能仍不可或缺。例如，獲取信息、遊戲、娛樂、拍照等功能仍需保留，除此之外，我們對 5G 還有更多的聯想：

首先，5G 智慧手機與人工智能結合，形成智慧的感知中心，感知周圍環境的同時，通過物聯網感知世界上任何角落。

第二，現在我們可以簡單地通過操作手機啟動冷氣、開啟電視機。以後這些功能是智能的，知道你要下班，就提前啟動冷氣，不再需要手動。一個智慧的控制中心，控制成為智慧服務的輸出。

第三，智慧的服務中心。有了上述輸入和輸出能力，最後加一個大腦，提供未來生活、工作中的各種功能，不但可以當個人的秘書或助手，而且有感情也有智慧。這時，5G 智慧手機就成為了一個智慧的感知中心、智慧的控制中心和智慧服務中心。

根據以往的經驗，5G 換機潮將持續至少 4 至 5 年。因此，與 5G 手機相關的行業將迎來許多生意機會。

可穿戴設備方面，如 Fitbit、Apple、Garmin、小米也將受益。相信他們的智能手表及運動手帶等可穿戴設備的銷量在 5G 年代也將直線上升。

2.3 5G 第三期

5G 的第三期主要包括 5G 的各種應用，包括無人駕駛、AR、VR、手機遊戲、流動應用程式（App）等等。

5G 的主要應用預計在 2022 年前後成熟並爆發，與雲計算、大數據、人工智能（AI）、高清視頻、物聯網、VR / AR、無人機等技術的深度融合，將連接人和萬物，成為各行各業數碼化轉型的關鍵基礎設施。

可以預期，5G 的出現將會令許多行業出現翻天覆地的變化，由於篇幅所限，我們重點介紹物聯網（IoT）、無人駕駛、AR / VR、智慧城市和智能家居，以及智慧醫療在 5G 的應用。

5G 的主要應用場景

資料來源：前瞻產業研究院

2.3.1 物聯網（Internet of Things, IoT）

物聯網是將所有能接入網絡的東西都接入網絡，比如汽車、冷氣機、雪櫃、微波爐，甚至是你的水杯。將來，你的汽車可以和你的冷氣機之間通訊，比如天氣很熱，下班後你開車回家，快到家的時候，汽車便告訴冷氣機啓動起來，這樣你回到家的時候，屋子已經涼快下來了。

物聯網應用對於設備數量、數據規模、傳輸速率都具有較高的要求，然而目前的 3G、4G 技術還不能有效地支援物聯網數據傳輸，因此物聯網大規模應用受到限制。正因為這樣，只有在 5G 移動通訊技術逐漸優化的基礎上，才能逐步擴大物聯網的應用規模。

5G 技術令物聯網大規模應用

設備數量	數據規模	傳輸速率
平均每平方公里範圍內的設備連接數可達 100 萬個，有效支持海量的物聯網設備接入。	流量密度可達 10Mbps/ 平方米，可滿足現在互聯網千倍以上的業務流量增長需求。	用戶體驗數據速率可達 0.1Gbps 至 1Gbs，每秒峰值傳輸量可達 2.5G，可大幅提高萬物互聯互通的效率。

資料來源：ITU

2.3.2 無人駕駛

無人駕駛是指讓汽車通過 5G 技術，自行認知路面及環境狀況，合理規劃形式和路徑，從而實現無人駕駛。

發展無人駕駛技術的原因

由於駕駛汽車的人會受到狀態和情緒影響（例如最差的情況是醉駕），導致駕駛者判斷失誤，導致交通意外，危及自身及他人的安全。有了無人駕駛之後，這個問題將可得到改善。唯一要擔心的是機器的穩定性及可靠性，這些都可以通過技術得到解決。

另外，無人駕駛也會改善交通堵塞問題，因為所有汽車的行駛路線都會根據交通情況預先規劃和即時調整。

為什麼必須在 5G 網絡基礎上才能實現汽車的無人駕駛技術？

1. 在 4G 時代，由於網絡延時高達 20 毫秒或以上，存在很大的安全隱患，因此自動駕駛無法實現大規模應用。到了 5G 時代，網絡延時大幅減至 1 毫秒，安全性大大增強。

2. 現階段人們眼中的自動駕駛，是從汽車本地端出發的，決策的依據是該端的數據融合和傳感器，由於決策過程對本地端的依賴性較強，故存在一定的局限性。從本地端傳感系統的角度出發，包括攝像頭、雷達和激光雷達等，其影響因素包括環境因素和視距因素，因此必須在現有本地傳感系統各項性能的基礎上，加入感知能力，才能達到 100% 的安全性能要求。

2.3.3 AR / VR

虛擬實境（VR）就是把完全虛擬的世界通過各種各樣的頭戴式眼鏡呈現給用戶，給人一種沉浸感。在 VR 的世界裏所有的東西都是虛擬的、假的。

增強實境（AR）技術則是對真實世界進行增強，或者對真實世界的更多維度的擴展，主要通過顯示屏幕把虛擬世界疊加到真實世界中。

VR 和 AR 將主要應用在遊戲、社交、商貿、展覽、醫療、教育和製造等領域。

可以預計，5G 技術將帶來各行各業的飛躍式發展，如教育和培訓行業、零售業、房地產、文化娛樂、旅遊業等（如下圖）。

VR 和 AR 將在文化商業等領域帶來全新體驗

旅遊

足不出戶便可感受世界各地的風光，借助 VR 技術宣傳，讓遊客提前規劃行程。

房地產

通過 VR 睇樓，提升效率，也可擴闊銷售渠道。

電子商務

在線體驗產品，享受購物樂趣，解決商品買回來不合適的問題。

無人機

拍攝大型活動的效果大幅度提升，從而代替直升機，降低成本。

公司培訓

通過 VR 模擬一些高成本或高危的場景，例如駕駛模擬、器械操作。

教育

直播課程更高清，師生互動更加順暢，任何地方的孩子也可以就讀優質課程。

2.3.4 智能家居

進入 5G 時代後，智能家居將出現在每一個家庭中，未來的我們家中的場景可能是這樣的：

5G 時代的智能家居場景

住宅保安	陌生人入侵偵測、煤氣泄漏、火災、寵物移動軌迹等突發情況及時通知主人，視頻拍攝家中情況並且實時傳輸給主人，實時檢測－判斷－報警。
照明控制	根據環境來智能調節，比如站在化妝鏡前，燈光、鏡子影像、智能信息等將自動打開。
電器控制	飲水機可以智能開啟，冷氣恆溫啟動，自動設置到舒適的溫度，並且通過智能檢測器，對室內的溫度、濕度、亮度等環境條件進行檢測。
窗簾控制	自動檢測室外環境光源明暗情況，以及室內是否有人，通過智能判斷將窗簾閉合或敞開。另外也可以定時開關，根據場景自動控制。
家庭多媒體	將多種設備完整的整體智能控制起來，創造更舒適、更便捷、更智能的家庭影院視聽與娛樂環境。通過一鍵控制，音樂、遊戲等多種情景控制模式之間可以快速切換和進入。
環境控制	根據室內環境的變化，自動啟動某些設備，達到營造舒適、安全環境的目的。

2.3.5 智慧城市

有了智慧家居，城市生活也將變得有智慧。

智慧城市的概念最早由 IBM 提出，隨着信息技術的逐漸發展，逐步實現對整個城市的管理，管理的方式是智慧式，不僅幫助人類更充分、更舒適地體驗生活，同時可協調城市各方面的關係，實現發展可持續。

5G 在智慧城市的應用

智慧交通

結合無人駕駛，5G 和雲計算等技術聯合，以車與車、車與路之間的實時信息交換，傳輸彼此的位置、速度、路徑，完全解決交通堵塞。達至「路上零意外，香港人人愛」。

智能照明

根據路面行人數量，路燈自動調光，節約能源，並且結合空氣質量檢測設備。

智慧安全

供給高清、實時的視頻信息，甚至主動地進行面部辨認。

當有火警發生，通過智慧探測器，自動通知消防處。

智能電網

檢測動力消耗，預計需求，支撐負載平衡，削減用電高峰和停電、修理時刻，下降成本，提高動力運送和運用效率。

增強電網運轉的安全性、牢靠性和靈活性，令電網與用戶可雙向互動。

如今，全球範圍內已經掀起了智慧城市的建設浪潮，有利於加快城市的發展進程，化解發展過程中出現的困難。在智慧城市中，需要大量的無線傳感器，將其連接起來的基礎是 5G 網絡，優點有以下兩個方面：第一，對於交通安全、能源消耗、電網等方面遇到的難題，可直接化解；第二，將大幅度提升經濟及社會效益。

2.3.6 智慧醫療

5G 移動通訊技術條件下，智慧醫療是另一個重要的應用。具體來說，5G 時代的智慧醫療可能是這樣的：

高級遠程會診：病人的檢查信息和現場場景直接快速傳輸到醫院，專家可以迅速了解病人病例。在救護車上就可以開檢查單，到了醫院直接做相關檢查，病人上了救護車就相當於到了急救中心。

遠程身體檢查：病人躺在家裏的牀上，只要戴上智能手帶，醫院的醫生即可對病人的生理指標瞭如指掌。

遠程查房：醫生和病人不必直接接觸，可以通過遠程視頻交流，5G 網絡會很大程度上提高視頻畫面的清晰度；利用包括手機、操縱桿在內的工具，透過種類豐富的傳感器，收集病人身體信息，幫助醫生進行輔助判斷。

遙距輸液監控：實時監測輸液指標，包括輸液狀況、速率、進度等，具有標準化的特點。護士毋須親自觀察，通過顯示屏即可準確掌握病區內的所有輸液進度和速率等。

遠程遙控手術：醫生利用 5G 網絡、觸覺感知系統、VR 等技術傳輸信息，具有實時性的特點。遠程手術的執行者是機械人，由醫生遠端操控，延時僅僅 1 毫秒。

在 5G 的環境下，物聯網、無人駕駛，智慧城市、智能家居，以及智慧醫療將迎來爆發式的發展。5G 的出現將會促使以上行業出現令人驚喜的變化，這些都是我們熱切期待的。

小結

在這一章，我們介紹了 5G 受惠的具體行業和板塊。

按照對 5G 產生影響的先後次序，5G 的產業鏈第一期受惠的主要行業包括天線、基站、光纖光纜、通訊設備等。第二期主要受惠的包括電訊商、手機製造商以及提供雲端和大數據服務的公司。第三期受惠的主要包括 5G 的各種應用，包括無人駕駛、AR、VR、手機遊戲、流動應用程式（App）等。大家要特別留意的是，各行業在 5G 的浪潮中受惠的時間點是不一樣的。也就是說，從股票投資的角度，這些行業「受追捧」和「當炒」的時間都是不同的。

在下一章，我們將和大家具體介紹 5G 這個板塊裏面可能受惠的個股，並給出每一隻股票「爆升指數」。

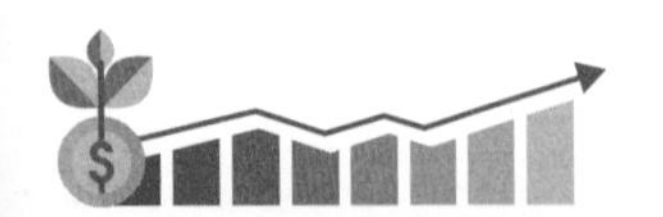

第三章

5G第一期個股分析

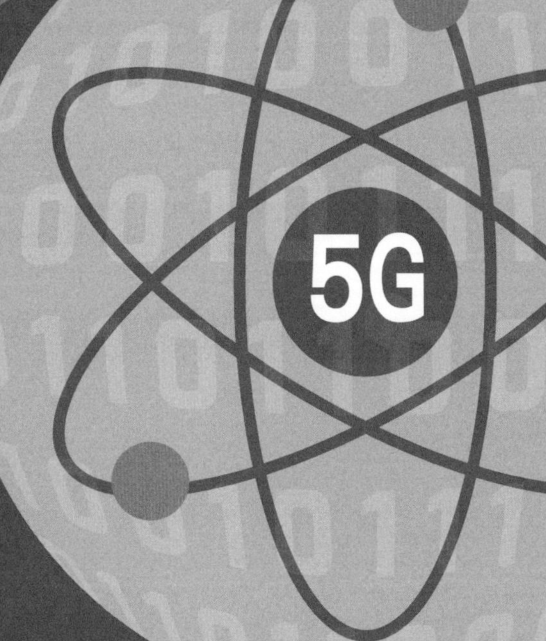

5G 第一期個股主要包括網絡基建部分。

本章將介紹以下相關個股：

0365 芯成科技	**0552 中國通信服務**
0553 南京熊貓	**0763 中興通訊**
0788 中國鐵塔	**0877 昂納科技**
0947 摩比發展	**1085 亨鑫科技**
1300 俊知集團	**1617 南方通信**
1720 普天通信	**1782 飛思達科技**
1888 建滔積層板	**2342 京信通信**
6869 長飛光纖光纜	

公司簡介

芯成科技於 2000 年 10 月 16 日在香港聯交所主板上市，招股價為 HK$1.18。

清華系旗下資本運作分為三大派系：同方系、紫光系、啟迪系，其中以紫光系最為進取，主要以重金投資研發、全球延攬人才和併購、重組為手段。芯成科技原名為「紫光控股」，2020 年 1 月 3 日改名為「芯成科技」。

芯成科技母公司「紫光集團」是清華大學旗下的高科技企業，是中國最大的綜合性集成電路企業，全球第三大手機芯片企業；主要從事設計、製造及經銷 SMT 生產及相關設備，融資租賃及保理業務以及金融投資業務。芯成科技現為紫光集團在海外控股的唯一上市公司，亦係集團在海外的主要融資及資本運作的平台。

芯成科技集團下屬四家分公司，主營不同專項電子設備及由此派生出來的相關產品，應用範圍相當廣泛，產品種類包括：自動化生產線、物流設備、機械人應用、SMT 表面貼裝生產設備及各類型自動焊錫設備、檢測設備、鈑金製作及其他非標產品的訂製。

芯成科技以焊機設備起家，早年取得市佔率很高的三星貼片機（Surface Mount System）在內地的代理權，同時也涉足半導體的封裝

設備領域。芯成科技的核心定位是智能機器人，將通過智能製造系統裝備擴張市場。

5G 發展機遇

清華控股成員企業紫光集團旗下紫光展鋭在 2018 年發布了物聯網產品品牌——春藤，助力萬物聯網。馬卡魯作為紫光展鋭全新 5G 通訊技術平台，將持續助力展鋭春藤物聯網產品向 5G 蔓延發展。

2019 年 2 月 26 日，紫光展鋭在 2019 世界移動通信大會（MWC）上發布了 5G 通訊技術平台——馬卡魯及其首款 5G 基帶晶片——春藤 510。這標誌着紫光展鋭邁入全球 5G 第一梯隊。

春藤 510 採用台積電 12nm 製程工藝，支持多項 5G 關鍵技術，可實現 2G / 3G / 4G / 5G 多種通訊模式，符合最新的 3GPP R15 標準規範，是一款高集成、高性能、低功耗的 5G 基帶芯片。春藤 510 可同時支持 SA（獨立組網）和 NSA（非獨立組網）組網方式，充分滿足 5G 發展階段中的不同通訊及組網需求。

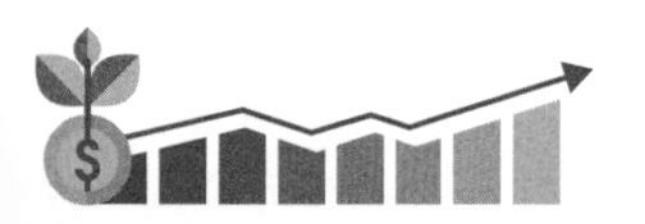

公司財務摘要

下面我們來看看芯成科技的財務狀況。

芯成科技 2016 – 2018 年的財務摘要

	2016/12	2017/12	2018/12
盈利 Net Profit（百萬）	-603	52	-123
每股盈利 EPS	-0.4424	0.0354	-0.0845
每股盈利增長 EPS Growth (%)	-2474	-108	-338.70
股東權益回報率 ROE (%)	/	11.15	/
總營業額 Turnover（百萬）	268	246	71

資料來源：芯成科技 2016 - 2018 年年報

基本分析

芯成科技過去 3 年的業績不理想，3 年裏面有兩年都是虧損。目前只能列入觀察名單。

接下來我們來看看芯成科技的股價走勢。

技術分析

Edwin Sir 通常用他獨特的「通道圖」來分析。

可以看到，芯成科技的通道圖的時間比較短，是從 2015 年開始。曾經有幾次到了通道的底部。曾經在 2017 年 12 月創了新高 HK$6.6。之後大幅調整，股價在通道底部徘徊一段時間之後，現時股價跌穿通道底部，如該股能在 3 個月內回升至通道內才能當作假突破，否則確認為跌穿通

道，則此股票不能考慮投資。預期芯成科技的股價在未來兩年會在大約 HK$2.4 至 HK$6.5 之間波動。

芯成科技股價圖（數據截至 2020 年 1 月 17 日）

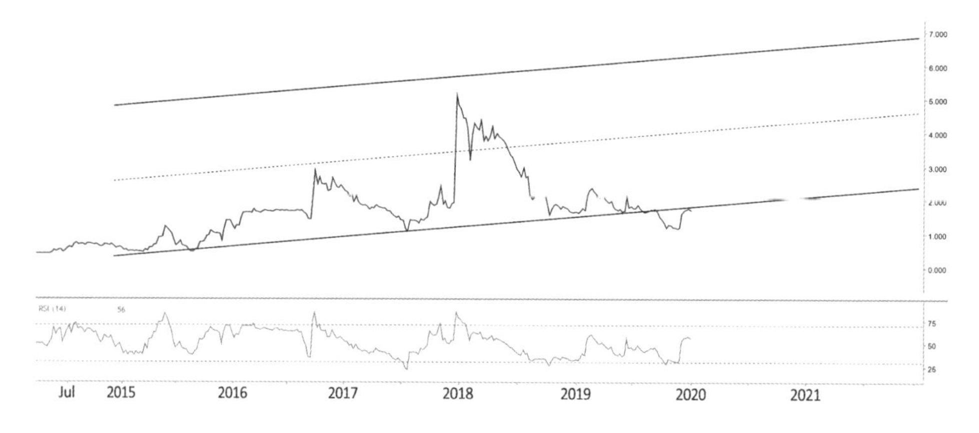

總結

經過基本分析和技術分析，可以發現這隻股票比較差。近 3 年裏面有兩年虧損。業務狀況比較差，有時賺錢，有時虧損。加上股價通道是從 2015 年才開始，時間比較短，現時又跌穿通道底部。暫時這隻股票只能繼續觀察，不能讓人放心投資。

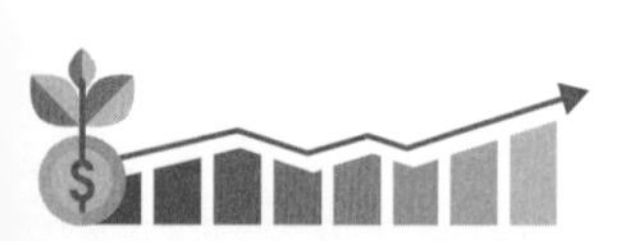

中國通信服務

公司簡介

中國通信服務於 2006 年 12 月 8 日在香港聯交所主板上市，招股價為 HK$2.20。

中國通信服務是內地具領導地位的電訊建設和工程服務供應商，主要為信息化領域提供一體化支撐服務。中國通信服務為電訊運營商提供專門的電訊支持服務，包括設計、建設和項目監督管理；業務流程外包服務、應用、內容和其他服務。

中國通信服務的三大業務為：

1. 電訊基建服務（TIS）：TIS 業務涉及移動、固網、寬帶網絡和支援系統的網絡規劃、設計、建設和項目監督。該業務的收入屬於 3 個業務之中最高，中國的電訊運營商和中國鐵塔是公司 TIS 業務的主要客戶。

2. 業務流程外判服務（BPO）：BPO 業務將中國通信服務的業務範圍擴展到整個價值鏈，提供如網絡基礎設施（網絡維護）管理、分銷和一般設施管理等的重要服務。BPO 業務是公司的第二大業務，內地電訊運營商都是其主要客戶。

3. 應用、內容和其他服務（ACO）：ACO 業務涉及系統集成、軟件開發和系統支持服務。ACO 業務佔公司 2017 年總收入的 12.7%。ACO 的收入來源頗為均勻：內地電訊運營商佔 44.8%，內地非運營商客戶佔 52.8%。

三大電訊運營商為其主要客戶，收入穩定

中國通信服務是中國三大電訊公司（中國移動、中國電信和中國聯通）和中國鐵塔公司最大的服務提供商，幫助這些電訊公司建設基站、鋪設光纖、維護網絡等。

中國通信服務主要客戶

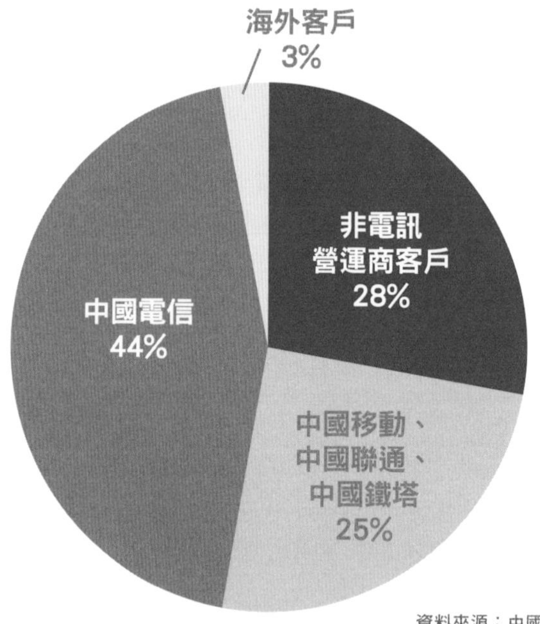

資料來源：中國通信服務 2017 年年報

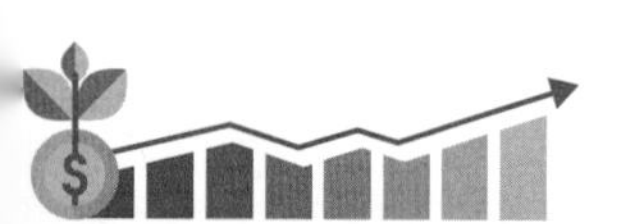

非電訊運營商業務增長迅速

由於中國政府有關信息化戰略的政策涉及大數據和雲計算的發展，中國通信服務的非電訊運營商業務取得良好增長。在智慧城市、智能安防、智能工業園、智能建築、雲計算建設等多個領域，公司業務均有不錯的發展。

另外中國通信服務重點發展政府、交通、互聯網和信息技術、建築、房地產和電力等重點板塊。鑑於其在服務、諮詢和整合方面的能力，非電訊運營商業務的增長勢頭依然強勁。與電訊運營商業務相比，非運營商業務的特點是應收帳款周轉率更快，利潤率更高。

5G 發展機遇

由於中國通信服務的業務與三大電訊公司資本開支有較高相關性，公司有望成為中國 5G 投資的早期受益者之一。

同時，中國通信服務將受益於非電訊運營商在物聯網、車聯網等方面的 5G 相關投資，因此與 5G 相關帶來的業務非常值得期待。

公司財務摘要

下面我們來看看中國通信服務的財務狀況。

中國通信服務 2016 – 2018 年的財務摘要

	2016/12	2017/12	2018/12
盈利 Net Profit（百萬）	2,818	3,254	3,303
每股盈利 EPS	0.4067	0.4700	0.4771
每股盈利增長 EPS Growth (%)	2.62	15.55	1.51
市盈率	10.87	13.85	12.05*
股東權益回報率 ROE (%)	9.54	9.58	8.97
總營業額 Turnover（百萬）	88,449	94,572	106,176

資料來源：中國通信服務 2016 - 2018 年年報
* 數據截至 2020 年 1 月 17 日

基本分析

根據 Edwin Sir 的揀股原則，中國通信服務符合了 3 個重要的要求。第一是連續 3 年有盈利，表明它是一間好公司。第二是連續 3 年每股盈利有增長，反映公司的生意是愈做愈好。第三是 ROE 連續 3 年接近 10%，表明管理層為股東積極賺取回報。因此，這間公司的基本面還算不錯，而且預計將來生意會有較好的增長。

為什麼我們這麼看重一家公司的基本面？因為在股市升的時候，很多公司的股價都會升，而業績好的公司的防守性比較強，當大市調整的時候，那些有盈利、基本面比較好的公司股價都可以保持比較穩定，風險相對較低。

接下來我們來看看中國通信服務的股價走勢。

技術分析

Edwin Sir 通常用他獨特的「通道圖」來分析。

中國通信服務的股價從 2016 年開始處於一個上升通道，拾級而上。可以看到，這個通道雖然時間不長，但尚算可靠，因為有多次都碰到了頂部和底部之後反彈。2019 年 2 月到達通道頂部後，慢慢回落到通道底部。隨着 5G 工程的開展，中國通信服務從底部反彈，有望到達中軸大約 HK$6.7。預期中國通信服務的股價在未來兩年會在大約 HK$5.5 至 HK$9.5 之間波動。

中國通信服務股價圖（數據截至 2020 年 1 月 17 日）

總結

中國通信服務在 2020 年 1 月 17 日的市盈率是 12.05 倍，屬於合理。該公司業務穩定，純利逐年增加。相信公司業務在 5G 的早期已經可以受惠，未來生意增加及盈利增長可期待。技術分析顯示，股價處於非常漂亮的上升通道。中國通信服務是 5G 的重點爆升股之一。

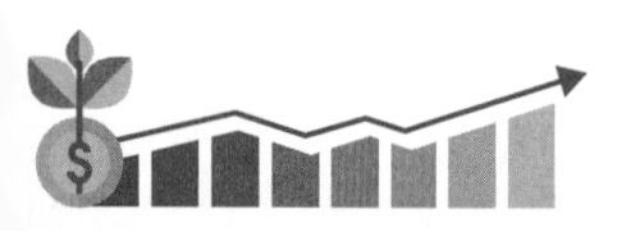

公司簡介

南京熊貓於 1996 年 5 月 2 日在香港聯交所主板上市，招股價為 HK$2.13。

南京熊貓建立於 1992 年 4 月，是中國電子行業的骨幹企業，也是中國電子信息行業第一家 A+H 股上市公司。

公司以智慧城市、電子製造服務和智能製造等為主業。

南京熊貓重點發展智能交通、平安城市、智能建築和信息網絡設備這四大核心智慧城市業務。它是內地主要的票務清分系統、自動售檢票系統、通訊系統的供應商。南京熊貓的軌道交通 AFC 系統集成等業務內地市場佔有率排名第一。

電子製造服務

南京熊貓重點發展具有一流的供應鏈管理能力和能夠實現智能化、柔性化、精益化生產製造的電子製造服務業務。南京熊貓在電子產品貼裝、注塑及總裝等方面都有較強的研發和生產能力。

智能製造

南京熊貓完成了新型控制器、0.6 米高精度和 165kg 通用工業機器人、液晶玻璃工廠智能裝配系統、鋰離子電池正極材料製造系統、工業機器人運維管理平台以及軍民融合智能製造 MES 系統等研發。

智慧城市軌道交通

南京熊貓推出了基於雲平台的移動支付系統，完成了南京地鐵移動支付系統的升級改造任務，該系統完全由南京熊貓自主研發，創新採用分布式架構，在內地首創地鐵公司和第三方支付公司聯合發碼的模式，除支付寶外還將上線微信支付、蘇寧支付等多種支付方式，為市民提供更加便捷的出行體驗。南京熊貓的 AFC 系統集成等業務內地市場佔有率排名第一，通訊系統業務內地市場佔有率排名第六。

智慧城市、平安城市

南京熊貓先後完成 MESH 自組網通訊系統、寬帶移動數據小型化接入網關、微蜂窩基站、數字集群、無線視頻傳輸、北斗導航系統終端、衛星移動終端、物聯網相關產品等一大批軍民融合通訊裝備產品的研製。

電子製造 EMS 服務

南京熊貓突破高分子特種材料在高端通訊設備配套的關鍵技術，解決了移動通訊基站天線用高性能材料及產品在耐熱、耐紫外光、低介電損耗、低串擾等方面的技術難題。南京熊貓是華東地區最大的電子製造基地之一，在 SMT、注塑、包裝、精密模具製作、鈑金、數字化精密機械加工等製造領域有雄厚的實力。

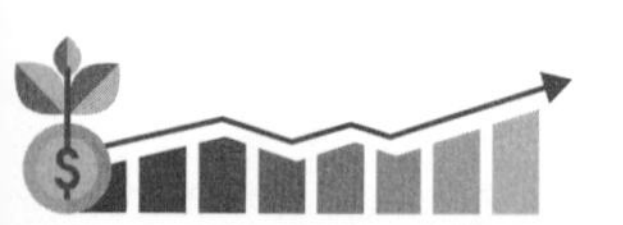

5G 發展機遇

南京熊貓提供的通訊裝備產品包括 TD-LTE 小基站類產品等，面向 5G 超密集組網技術的小基站系統樣機研製，並通過省級鑑定。

公司財務摘要

下面我們來看看南京熊貓的財務狀況。

南京熊貓 2016 - 2018 年的財務摘要

	2016/12	2017/12	2018/12
盈利 Net Profit（百萬）	133	129	184
每股盈利 EPS	0.145	0.1409	0.2018
每股盈利增長 EPS Growth (%)	-21.66	-2.86	43.22
市盈率	27.93	24.06	26.86*
股東權益回報率 ROE (%)	3.59	3.19	4.67
總營業額 Turnover（百萬）	3,702	4,191	4,500

資料來源：南京熊貓 2016 - 2018 年年報
* 數據截至 2020 年 1 月 17 日

基本分析

南京熊貓 2017 年的盈利比 2016 年輕微倒退，但 2018 年的盈利大幅回升。希望未來公司生意有更穩定的增長。市盈率在 2020 年 1 月 17 日為 26.86 倍，稍微偏貴。股東權益回報率只有單位數字，長期偏低，因此管理層要加油了。

接下來我們來看看南京熊貓的股價走勢。

技術分析

Edwin Sir 通常用他獨特的「通道圖」來分析。

南京熊貓的股價通道是從 2012 年開始形成，可以看出這是一個「一頂高於一頂」的格局。如果看 RSI，曾經在 2013 年去到超過 80 的水平。另外在 2013 年中、2014 年中、2015 年中，RSI 曾經 3 頂背馳，這是一個很長的 3 頂背馳。之後在 2015 年港股大時代創新高 HK$11.7 後，就顯著回落了。但是在 2018 年恆生指數創了新高以後，它仍沒有接近 2015 年的高位，相對來説這一隻股票是跑輸大市的。該股在 2019 年初，創了一個低位 HK$2.0，然後大力回升，升幅超過一倍到 HK$4.15，之後稍微回落。可以看到，該股的通道底部守得比較穩，如果在 HK$2 至 HK$3 買入了，可以耐心持有，股價第一目標價是 HK$5，並且有機會上升到中軸 HK$7 左右。預期南京熊貓的股價在未來兩年會在大約 HK$2.5 至 HK$7 之間波動。

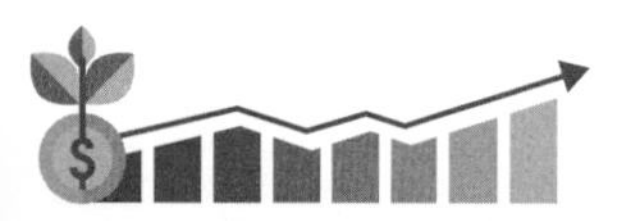

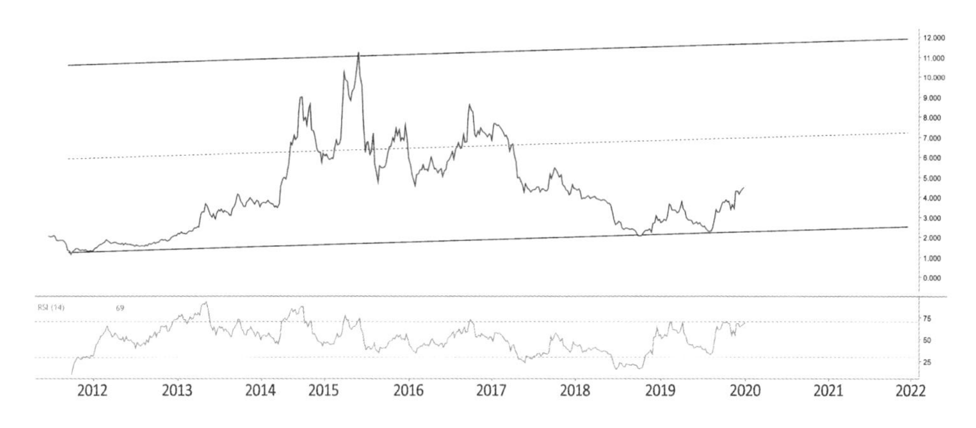

總結

南京熊貓 2018 年業務開始改善，但股東權益回報率較差，因此該股的基本面一般。技術分析方面，從 2018 年尾開始見底回升，所以這隻股票算是比較有前景，值得留意。

中興通訊

公司簡介

中興通訊於 2004 年 12 月 9 日在香港聯交所主板上市，招股價為 HK$22.00。

中興通訊是全球第四大通訊主設備商，致力於提供全球領先的信息與通訊技術（ICT）解決方案，客戶遍及全球 160 多個國家和地區。

中興通訊的上游是芯片、電子元器件、光器件、原材料等提供商，競爭激烈；下游是運營商、消費者和政企客戶。其中，來自運營商的收入在總收入中佔比將近 67%，毛利率最高，接近 40%，是中興通訊最重要的盈利來源。

中興通訊有三大產品線：

1. 運營商網絡業務：主要為無線基站設備、傳輸設備、固網接入設備和核心網設備等。

2. 政企業務：主要為企業通訊提供解決方案，包括企業網絡數據設備、企業統一通訊、無線專網等。

3. 消費者業務：主要銷售手機等智能終端設備。

隨着通訊技術的迭代升級，目前全球通訊主設備市場從原先的十多

家群雄逐鹿，演變到目前華為、諾基亞（已收購阿爾卡特朗訊）、愛立信、中興、思科五足鼎立的競爭格局。中國在 5G 設備的投資總額預估全球 50% 以上，背靠全球最大 5G 單一需求市場，中國 5G 廠商未來發展有所保障，華為有望持續保持全球第一的市場地位，中興有望在 5G 時代進一步鞏固其全球前五地位。

值得一提的是，中興通訊曾在 2016 和 2018 年兩次被美國商務部制裁及罰款，累計罰款達 22.9 億美元，對盈利造成極大影響。

5G 發展機遇

中興通訊在 5G 佈局領先，根據 2018 年 12 月 OVUM 的報告，在 Massive MIMO、系列化基站、微波、承載、中心網和終端等 5G 六大產品系列中，嚴格意義上全球只有兩家設備商可以提供完好的 5G 端到端處理方案，具有完好產品系列的規模優勢，中興通訊是其中之一。進入 2019 年公司 5G 產品及實驗研發持續獲得突破，展現了其行業領先地位。

此外，中興通訊作為全球四大設備商之一，有望受益於內地 4G 景氣超預期。根據 Dell'Oro Group 2018 年 7 月發布的全球無線接入網絡（RAN）基礎設施設備市場報告統計，2018 年 Q1 全球 RAN 基礎設施設備市場排名中，華為（30%）、愛立信（29%）、諾基亞（23%）、中興（9%）、三星（5%）分別位居第一至第五名。內地市場方面，華為和中興市場份額領先優勢更為顯著。

面向即將到來的 5G 和物聯網時代，中興通訊過去 7 年超過 500 億

的研發投入帶來了技術上的深厚積累，在物聯網、5G 專利數、核心標準等方面，都處於全球前三的位置，5G 競爭格局對於中興有利，市場規模也較 4G 更大，中興通訊有望在未來 5 年的 5G 周期規模逐步進入全球前三。

公司財務摘要

下面我們來看看中興通訊的財務狀況。

中興通訊 2016 - 2018 年的財務摘要

	2016/12	2017/12	2018/12
盈利 Net Profit（百萬）	-2620	5477	-7952
每股盈利 EPS	-0.6334	1.3068	-1.9015
每股盈利增長 EPS Growth (%)	-169.05	306.31	-245.51
股東權益回報率 ROE (%)	/	14.43	/
總營業額 Turnover（百萬）	101,233	108,815	85,513

資料來源：中興通訊 2016 - 2018 年年報

基本分析

中興通訊 2016 至 2018 年 3 年裏有兩年均錄得大幅虧損，顯示公司經營狀況不佳。2018 年的總營業額比起 2016 及 2017 年更差，令人擔憂。

接下來我們來看看中興通訊的股價走勢。

技術分析

Edwin Sir 通常用他獨特的「通道圖」來分析。

中興通訊的上升通道是 2009 年開始，已經持續了 10 年時間，相對比較可靠。中興通訊的股價曾經在 2018 年大幅下跌，因為當時被美國政府控告違反伊朗出口禁令。2019 年初，中興通訊的股價開始上升，已經補回之前下跌的裂口。2019 年中興通訊的股價在中軸附近徘徊一段時間後隨着大市向上，向着通道頂部進發。如之後股價調整，能在通道底部買入並持有至通道頂，會比較吸引。

中興通訊股價圖（數據截至 2020 年 1 月 17 日）

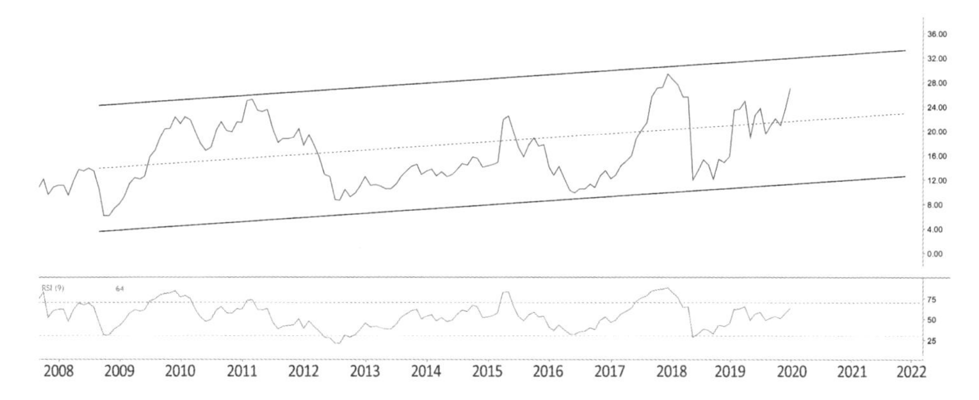

總結

中興通訊近 3 年有兩年錄得虧損。2018 年 4 月被美國政府制裁，限制美國企業向中興供應核心元器件，之後被美國商務部罰款 14 億美元及被要求更換董事會及高管團隊。中興未來的海外業務可能會受到相當的制約。技術分析方面，這是一隻大上大落的股票。截至 2020 年 1 月 17 日，股價處於通道的中軸之上，暫時沒有明顯的買賣信號。以該公司現在的業務狀況，股價屬於過高，目前不是非常有信心去投資。

爆升指數 1.5

中國鐵塔

公司簡介

中國鐵塔於 2018 年 8 月 8 日在香港聯交所上市，招股價為 HK$1.26。

中國鐵塔是全球規模最大的通訊鐵塔基礎設施服務提供商，市場份額遙遙領先。中國鐵塔主要基於龐大的站址資源向通訊運營商開展塔類業務和室分業務，同時也面向不同行業的客戶提供其他站址應用與信息服務。

截至 2017 年 12 月 31 日，按站址數量和租戶數量計，中國鐵塔在全球通訊鐵塔基礎設施服務提供商中位列第一；以站址數量計，中國鐵塔在中國通訊鐵塔基礎設施市場中的市場份額為 96.3%；以收入計，中國鐵塔佔市場份額的 97.3%，擁有絕對領先的市場地位。截至 2018 年 9 月 30 日，中國鐵塔共運營 191.7 萬個站址，租戶數達到 286.5 萬個。

中國鐵塔租賃生意的特點主要為：高槓桿、高毛利、高經營性現金流入比率，長期盈利能力也很強，是比較類似「包租公」的商業模式。

中國鐵塔的行業商業模式的核心邏輯是：

1. 運營商租約 5 至 15 年；

2. 客戶現金流穩健；

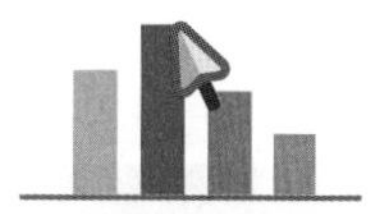

3. 融資成本低；

4. 初始投資成本很高，但之後的成本可以部分轉嫁到租戶，後續運營毛利很高。

中國鐵塔的鐵塔總量全球排名第一，是世界第二大鐵塔公司印度 Bharti Infratel（擁有鐵塔 16.2 萬座）的 11.6 倍，屬於內地市場裏絕對的龍頭，在利潤率上也不輸於國際同業。

對於中國鐵塔來説，其模式的收入主要來自租戶的租金。想要獲取更多的收入，主要有 3 種辦法：擴大公司總的站址數、在相同的站址上增加新租戶、提高租戶的平均資金。第一和第二個方法，站址的擴大覆蓋需要資本支出，特別是地面宏站的建立，修建時間長，回本周期慢。

有鑑於此，中國鐵塔在修建站址的同時，更偏向於在相同的站址上增加新租戶，同時在成本端減緩新建塔增速，轉向直接改造現有站址，更多使用「社會塔」，降低資本開支。改造成本僅為新建成本的 10%。

如果 5G 的站址數量只靠自建，推行的成本和速度都很難達到運營商的要求。在同一個站址上增加一個額外租戶，僅需要對站址簡單改造，改造的資本支出遠低於自建站址，所以共享站址是中國鐵塔的重要盈利模式。

5G 發展機遇

中國鐵塔的長期成長在於 5G 建設，而短期還是靠 4G。同時因為共享率的提升，公司租戶數也會良性增長，驅動盈利能力增強。

5G 的基建設施將優先受益，因此中國鐵塔將率先受益。

在中國，5G 是作為對沖經濟下行的政策支持性產業。對於中國鐵塔，如果運營商資本開支充足，則和大家一起分享量的增長。如果有關資本開支不足，但運營商在國家政策加持下不得不做，所以只能節省地做，中國鐵塔會從共享率方面收益。所以兩種情況下，中國鐵塔都可以穩妥受益。

公司財務摘要

下面我們來看看中國鐵塔的財務狀況。

中國鐵塔 2016 - 2018 的財務摘要

	2016/12	2017/12	2018/12
盈利 Net Profit（百萬）	84	2329	3017
每股盈利 EPS	0.0007	0.018	0.0204
每股盈利增長 EPS Growth (%)	/	2571	13.33
市盈率	/	/	88.32*
股東權益回報率 ROE (%)	0.06	1.52	1.47
總營業額 Turnover（百萬）	55,997	68,665	71,819

資料來源：中國鐵塔 2016 - 2018 年年報
* 數據截至 2020 年 1 月 17 日

基本分析

中國鐵塔的基本因素不俗，連續 3 年有盈利，並且連續 3 年盈利有增長，反映公司的生意是愈做愈好。

然而，該股的市盈率截至 2020 年 1 月 17 日超過 88 倍，明顯偏貴，加上股東權益回報率只有單位數，少於 2%，反應該公司目前的估值過高。

接下來我們來看看中國鐵塔的股價走勢。

技術分析

Edwin Sir 通常用他獨特的「通道圖」來分析。

由於中國鐵塔是一隻新上市的股票，因此它的通道是從 2018 年的 11 月才形成。該股在 2018 年第四季配合恒生指數見底回升，曾經有不錯的升幅。其後因為中美貿易摩擦加劇，股價跟隨恒生指數回落，現已到通道底部附近。預期中國鐵塔的股價在未來兩年會在大約 HK$2.5 至 HK$3.4 之間波動。

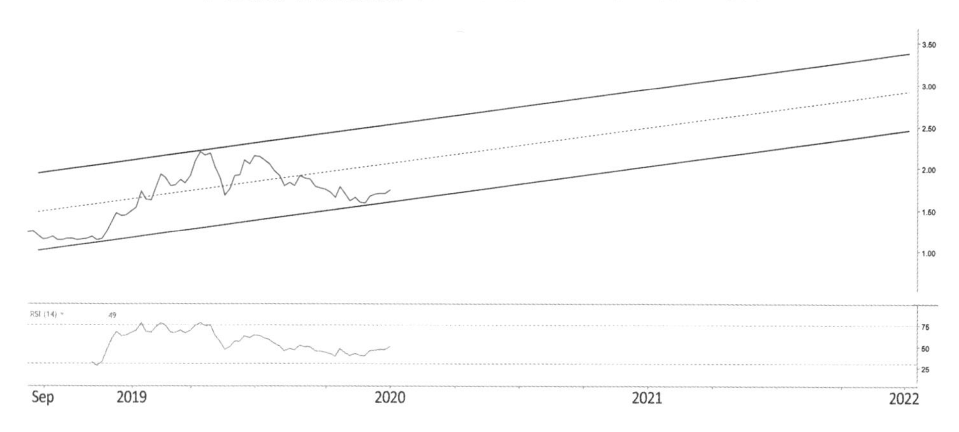

總結

中國鐵塔的業務強勁，盈利非常理想。但該股的市盈率高達 88.32 倍（截至 2020 年 1 月 17 日），反映現價確實過貴，當然這也是「當炒」股票的一個現象。從技術分析來看，它處於一個不錯的上升軌。但因為通道形成的時間比較短，所以可靠程度一般。中國鐵塔值得加入觀察名單。現價處於通道底部附近，而 RSI 也不高，或可預期短期有機會反彈到中軸 HK$2.1 左右。

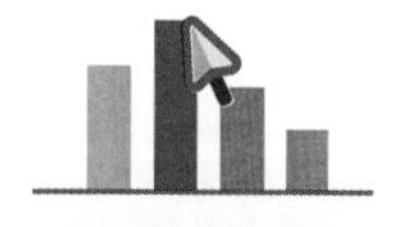

0877 昂納科技

公司簡介

昂納科技於 2010 年 4 月 29 日在香港聯交所主板上市，招股價為 HK$2.90。

昂納科技集團是一家在光通信、自動化、光纖激光器和觸摸屏 4 個領域中領先的高科技集團。在光通信領域，昂納科技為市場提供高速通訊及數據通訊網絡中的光無源網絡子器件、器件、模塊和子系統產品。公司主要產品包括帶寬擴大、光信號放大、波長性能監控和保護、光信號重新引導、光網絡中光信號的傳輸和接收。

作為一家高科技企業，研發能力是衡量其競爭力的重要指標之一。根據昂納科技的年報，昂納科技的研發費用佔到營收的比重約為 13%。

昂納科技的研發投入為其帶來了豐富的產品組合，目前昂納科技開發及製造出 40 多個系列的產品，包括 7700 多個可供銷售或整合至昂納光通信產品中的部件。

昂納科技的客戶大多為具有領先地位的光網絡和子系統供應商，包括阿爾卡特-朗迅、華為以及系統供應商 Ciena 和 Infinera 的合同製造商。現有客戶的素質證明昂納科技具備達到大型光網絡系統和子系統供應商期望的能力。

5G 發展機遇

展望未來，中國的 5G 建設有望為昂納科技帶來重大發展機遇。

5G 作為未來網絡發展的新進程，其對承載網有高帶寬、高性能、低延時和低成本的要求，而 OTN（光傳輸網絡）作為未來 5G 的承載網絡有着諸多優勢。5G 時代基站將大規模增加，將帶來光模塊的增量市場。

根據中國電信發布的《5G 時代光傳送網技術白皮書》，預計 5G 光模塊需求量有望達到 4G 的 2 至 3 倍。5G 初期可以使用和 4G 相同速率水平的光模塊，但進入成熟期後，前傳需 10G 升級至 25G，核心網絡則需從 100G/200G 升級至 200G/400G。

據機構測算，中國的 5G 投資規模將達到近 1.3 萬億元人民幣，其中光模塊的投資金額佔比為 6.4%，投資規模為 826 億元人民幣。

在可以預見的未來，昂納科技成長的重點依舊是光網絡業務，在 5G 即將啓動規模建設之時，這變得不再久遠。

公司財務摘要

下面我們來看看昂納科技的財務狀況。

昂納科技 2016 - 2018 的財務摘要

	2016/12	2017/12	2018/12
盈利 Net Profit（百萬）	131	209	262
每股盈利 EPS	0.18	0.28	0.35
每股盈利增長 EPS Growth (%)	50.00	55.56	25.00
市盈率	34.56	15.00	12.23*
股東權益回報率 ROE (%)	9.19	10.28	11.64
總營業額 Turnover（百萬）	1,598	2,035	2,516

資料來源：昂納科技 2016 - 2018 年年報
* 數據截至 2020 年 1 月 17 日

基本分析

昂納科技 2016 至 2018 年 3 年均錄得純利，而且純利和營業額每年都有上升，每股盈利增長過去 3 年都有 25% 或以上，令人驚喜。股東權益回報率在 10% 左右，算是不過不失。

接下來我們來看看昂納科技的股價走勢。

技術分析

Edwin Sir 通常用他獨特的「通道圖」來分析。

昂納科技的上升通道圖是從 2015 年開始。從 2015 年 2 月的 HK$1.41 開始上升到 2017 年 3 月的 HK$7.55，升幅達 435%。往後拾級而下，到 2018 年 10 月到達通到底部，之後一年窄幅上下，現價從通道底部大力反彈中。將來如能升穿 FTA 阻力約 HK$5.1，有機會挑戰中軸

HK$ 6.4，前景不錯。預期昂納科技的股價在未來兩年會在大約 HK$5.5 至 HK$10 之間波動。

昂納科技股價圖（數據截至 2020 年 1 月 17 日）

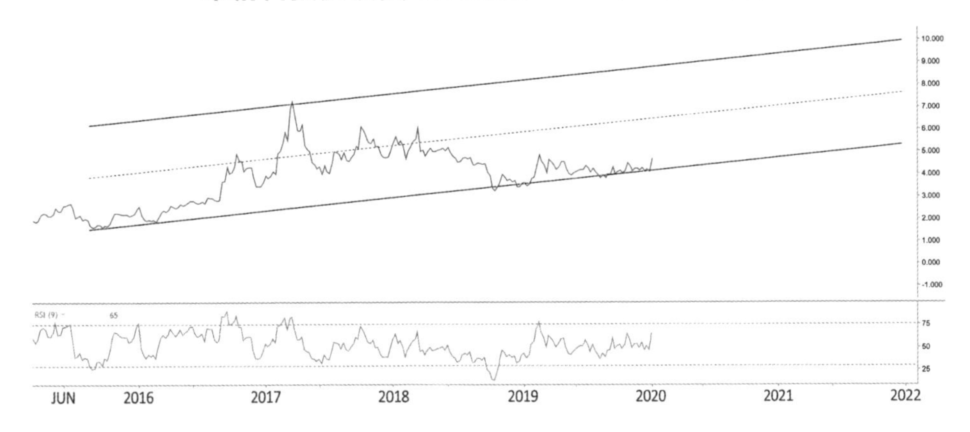

總結

昂納科技業績強勁增長，盈利非常好，截至 2020 年 1 月 17 日市盈率為 12.23 倍，非常靚仔。股東權益率大約在 10% 也算不錯。技術分析顯示，該通道圖從 2015 年開始，相對較短。2019 年 10 月的股價在接近通道底部，之後股價從通道底部大力反彈。如果有機會到通道底部，那就更加吸引了。

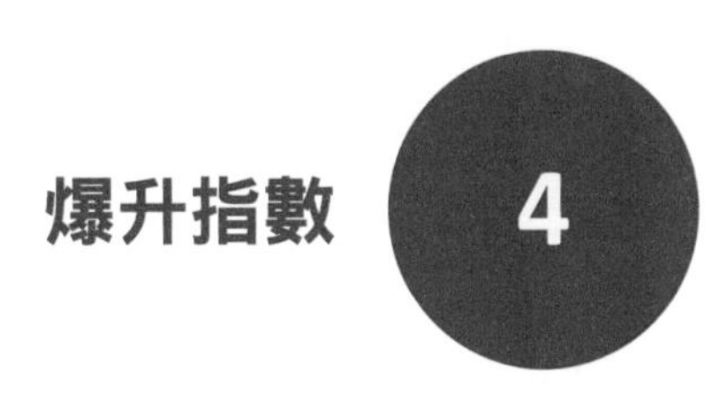

摩比發展

公司簡介

摩比發展於 2009 年 12 月 17 日在香港聯交所主板上市，招股價為 HK$3.38。

摩比發展是中國一站式射頻通訊網絡設備供應商，主要提供三類設備：天線系統、基站射頻子系統及覆蓋延伸方案。

摩比發展的天線系統及基站子系統客戶主要為無線網絡解決方案供應商，如中興通訊、諾基亞西門子網絡及阿爾特 - 朗訊，這些公司會把摩比發展的產品售予環球的網絡營運商。與此同時，摩比發展亦會直接向中聯通、中電信、中移動、Vodafone 及 Reliance（印度第二大無線網絡營運商）等全球性網絡營運商銷售其產品。

摩比發展的主營業務分為 3 個部分：

1. 天線系統，主要產品是基站天線和微波天線，如 TD/TD-LTE 天線等。

2. 基站射頻子系統，主要產品為濾波器、雙工器等。

3. 覆蓋延伸方案，主要產品為美化天線以及室內覆蓋解決方案等。

綜合射頻產品組合提供一站式的解決方案

摩比發展是中國少數能提供無線網絡全套射頻組件的供應商之一，能為客戶提供一站式的解決方案，迎合客戶不同的需求。

海外市場需求旺盛，堅持國際化戰略

海外市場對公司產品的需求仍然持續旺盛，如印度、俄羅斯及羅馬尼亞等市場。摩比發展已經進入亞太、拉美、非洲、歐洲、北美的基站天線市場，公司仍堅持國際化的市場戰略。

2018 年，摩比發展還成為歐洲一些運營商的核心供應方甚至是全網天線的獨家供應商。

5G 發展機遇

摩比發展將重點發展物聯網天線及設備。摩比發展的低頻重耕 / 物聯網天線產品及多頻 / 多系統天線產品收入在過去幾年快速增長。

NB-IoT（窄帶物聯網）是 IoT 領域一個新興的技術，發展速度很快，中國三大運營商都在積極佈局中，比如中國電信最先推出了 NB-IoT 資費套餐，中國移動則正在計劃建成全球最大的窄帶物聯網。摩比發展將從 NB-IoT 的發展中受益。

作為天綫及基站射頻子系統解決方案供應商，摩比發展早已佈局 5G 領域。其市場機會包括：

- 新建 5G 基站的需求；

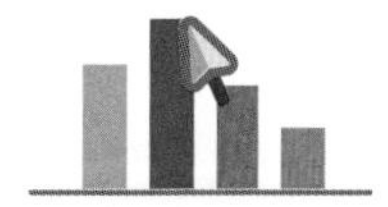

- 現存基站天線改造需求；
- 特型天線與高品質美化天線需求；
- 天線及射頻器件產品價值量提升。

公司財務摘要

下面我們來看看摩比發展的財務狀況。

摩比發展 2016 - 2018 的財務摘要

	2016/12	2017/12	2018/12
盈利 Net Profit（百萬）	73	-58	19
每股盈利 EPS	0.0893	-0.071	0.0231
每股盈利增長 EPS Growth (%)	-30.81	-179.44	-132.57
市盈率	12.36	/	50.85*
股東權益回報率 ROE (%)	5.27	/	1.44
總營業額 Turnover（百萬）	1,460	1,422	1,257

資料來源：摩比發展 2016 - 2018 年年報
* 數據截至 2020 年 1 月 17 日

基本分析

摩比發展 2017 年純利由正變負，顯示經營遇到很大挑戰，雖然 2018 年度已經回復盈利，但比起 2016 年業績仍然倒退不少。而且目前股東權益回報率低於 1.5%，暫時不是一個理想的長線投資對象。

接下來我們來看看摩比發展的股價走勢。

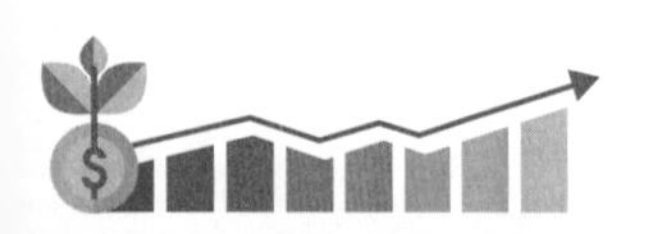

技術分析

Edwin Sir 通常用他獨特的「通道圖」來分析。

摩比發展的股價自 2012 年開始處於一個橫行通道，上下波幅約為 HK$0.75 至 HK$2.20。經過港股大時代的高位以後，近幾年摩比發展的股價都是在中軸以下徘徊。在 2016 年中曾大力反彈，但幾次挑戰中軸之後都是跌下來。2019 年初，該股隨着港股反彈上升，再次挑戰中軸。現價從通道底部反彈，留意到過往數次到通道底部都有支持，且有一段不錯的反彈。預期摩比發展的股價在未來兩年會在大約 HK$1 至 HK$2.8 之間波動。

摩比發展股價圖（數據截至 2020 年 1 月 17 日）

總結

摩比發展曾在 2017 年有虧損，2018 年的盈利一般。技術分析顯示，摩比發展算是一隻平穩發展的股票。2019 年初挑戰中軸失敗，2019 年 5 月在中軸下方徘徊。現價處於通道底部附近，反彈中。

爆升指數 3

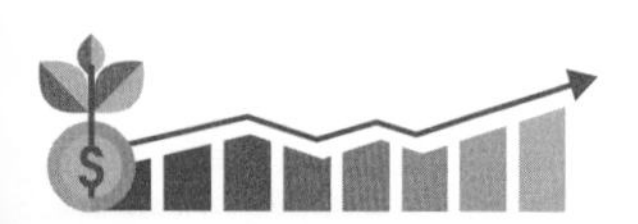

亨鑫科技

公司簡介

亨鑫科技於 2010 年 12 月 23 日在香港聯交所主板上市，招股價為 HK$2.25。

亨鑫科技是移動通訊用射頻同軸電纜系列產品製造商。

公司主要產品為：

1. 移動通訊用射頻同軸電纜系列。
2. 電訊設備用同軸電纜及配件。

亨鑫科技的產品廣泛應用於信號傳輸系統，供裝配在電訊營運商在中國及海外市場建造及經營的網絡上。亨鑫科技也直接向印度、新加坡、印尼及澳洲出口產品。

亨鑫科技一般需通過由客戶組織投標的方式來爭取銷售公司的產品。於往績記錄期間，透過招標錄得的銷售貢獻佔收入約九成，而競標的成功率大約為七成。

公司的客戶主要包括：

1. 電訊營運商，如中國聯通、中國移動及中國電信。
2. 設備製造商，如華為、中國中鐵、大唐電訊等。

公司的主要特色為：

1. 擁有全面的銷售及分銷網絡。
2. 在同軸電纜行業享有良好聲譽。
3. 提供種類齊全的移動通訊用射頻同軸電纜。

5G 發展機遇

亨鑫科技在 2019 年 2 月巴塞羅那的世界移動通信大會（MWC2019）向全球客戶展示了公司的最新 5G 天線解決方案及軌道交通解決方案。

1. 針對 5G 天線在試驗網中表現出來的功耗、體積、可靠性等問題，亨鑫科技運用輻射單元、天線組陣技術、饋電網絡等核心技術，已解決上述問題。
2. 亨鑫科技開發的新型寬頻寬波束漏纜解決方案相比傳統的方案而言，覆蓋更為均勻、穩定，支持現網網絡的接入並兼容 5G 網絡。

公司財務摘要

下面我們來看看亨鑫科技的財務狀況。

亨鑫科技 2016 - 2018 的財務摘要

	2016/12	2017/12	2018/12
盈利 Net Profit（百萬）	111	137	135
每股盈利 EPS	0.2856	0.3525	0.3473
每股盈利增長 EPS Growth (%)	-18.24	23.42	-1.48
市盈率	7.77	6.61	6.48*
股東權益回報率 ROE (%)	7.15	7.70	7.45
總營業額 Turnover（百萬）	1,532,161	1,633,327	1,586,950

資料來源：亨鑫科技 2016 - 2018 年年報
* 數據截至 2020 年 1 月 17 日

基本分析

亨鑫科技的盈利及營業額在 2018 年均輕微倒退，但差別不大，沒有太大影響。股東權益回報率穩定在 8% 左右，尚可接受。整體業績來看，中規中矩。

接下來我們來看看亨鑫科技的股價走勢。

技術分析

Edwin Sir 通常用他獨特的「通道圖」來分析。

亨鑫科技的股價從 2011 年中開始走這個通道圖，一直穩步上揚。

曾經在 2013 年 7 月到了通道的底部 HK$0.65，股價在港股大時代曾上過最高的 HK$3.38，之後股價拾級而下。2018 年初股價碰到中軸後，有一個反彈回調。之後在 2018 年 10 月到了通道的底部 HK$1.59，而後隨着大市穩步上揚。預期亨鑫科技的股價在未來兩年會在大約 HK$2.1 至 HK$4.2 之間波動。

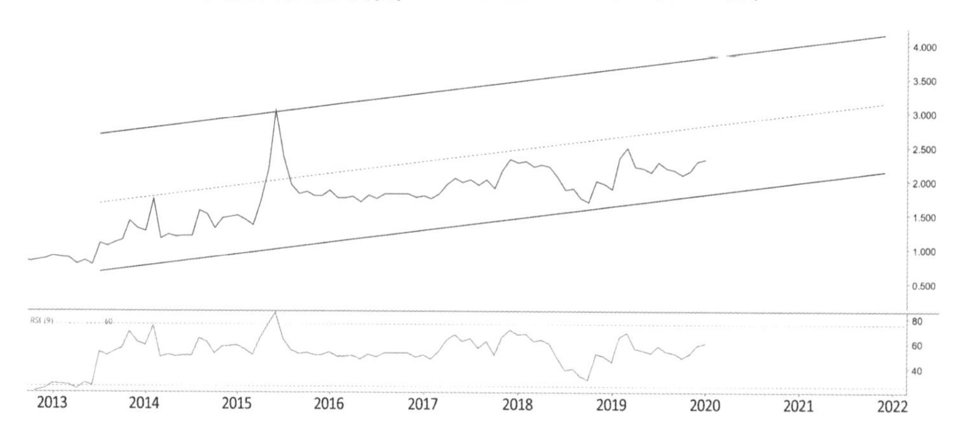

總結

亨鑫科技盈利狀況平穩。2020 年 1 月 17 日的市盈率是 6.48 倍，算合理。股東權益回報率在 8% 左右，可以接受。技術分析方面，該股處於一個不錯的上升軌，若股價到達通道底部，可以考慮買入並中長線持有。

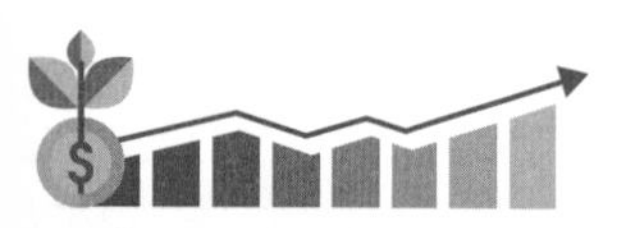

1300 俊知集團

公司簡介

俊知集團於 2012 年 3 月 19 日在香港聯交所主板上市，招股價為 HK$1.20。

俊知集團的主要業務是生產饋線、光纜及阻燃軟電纜，內地三大電訊商以往佔集團業務約 90%。集團未來冀開拓海外客戶，如一帶一路的國家，包括中東及東南亞國家。

由 4G 過渡至 5G，電訊商需要建設更多基站，以及加強基站之間的連接，對於光纜的需求都會增加，集團可受惠，料明年加強或未來幾年的業務有明顯增長。

俊知集團曾三度榮獲通信產業報社和中國管理案例聯合中心聯頒的通訊設備供貨商 50 強殊榮。

俊知集團目前業務主要分為 4 個部分，饋線系列、光纜系列、阻燃軟電纜系列及新型電子元件等。

2018 年俊知集團於俄羅斯、韓國、印度及泰國的整體業績同比增長 73% 到約 7080 萬元。未來，俊知集團將致力於深挖土耳其、菲律賓、馬來西亞及中東洽談中客戶的需求潛力，同時還將着手透過內地具海外貿易實力的代理商，多元拓展海外渠道。

長期以來，俊知集團的主要客戶是三大電訊運營商及中國鐵塔，公司與客戶保持多年的合作伙伴關係，客戶基礎穩定，也為其營收提供了一定的保障。

5G 發展機遇

面對 5G 到來的趨勢，俊知集團對相關產品線產能大力擴充，配套 4G 宏站及室分的射頻同軸電纜擴產 50%，阻燃軟電纜產能翻倍，並新增 5G 光電複合纜產品線。公司目前是設備商 5G 相關產品為數不多的合格供應商之一，前期也已配合設備商完成 5G 光電混合纜的研發、送樣及招標。

俊知集團亦積極配合運營商展開 5G 基站建設，佈局 5G 垂直領域的相關產品及解決方案研發和試點。目前已在工業物聯網、智能製造、林業物聯網與人工智能領域展開實質性項目。

公司財務摘要

下面我們來看看俊知集團的財務狀況。

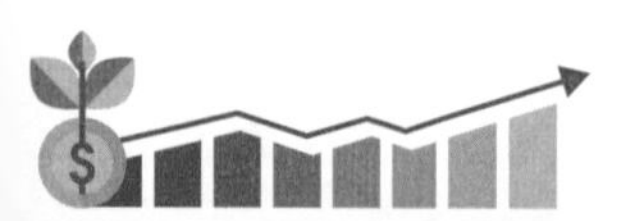

俊知集團 2016 - 2018 的財務摘要

	2016/12	2017/12	2018/12
盈利 Net Profit（百萬）	214	332	393
每股盈利 EPS	0.1369	0.1964	0.2195
每股盈利增長 EPS Growth (%)	-40.15	43.44	11.78
市盈率	8.62	7.38	8.25*
股東權益回報率 ROE (%)	7.26	9.48	10.76
總營業額 Turnover（百萬）	2,920	3,200	3,469

資料來源：俊知集團 2016 - 2018 年年報
* 數據截至 2020 年 1 月 17 日

基本分析

俊知集團的盈利連續 3 年增長，市盈率截至 2020 年 1 月 17 日為 8.25 倍，不算貴。股東權益回報率逐年上升，2018 年超過 10%，相當不錯。

接下來我們來看看俊知集團的股價走勢。

技術分析

Edwin Sir 通常用他獨特的「通道圖」來分析。

俊知集團的股價從 2012 年到 2019 年都是處於一個橫行的狀態。曾經在 2012 年 5 月的通道圖底部 HK$0.94 升到 2013 年 10 月的頂部 HK$3.65。之後一直下降，即使到了港股的大時代，也只是一個中等幅度的反彈，去到中軸的一半左右，就已經隨着大市回落。2017 年也沒有看到該公司的股價大幅向上，明顯跑輸恆生指數。到了 2018 年 10 月，該

股到了通道底部 HK$0.87，之後隨着大市大幅反彈。2020 年 1 月中的股價在中軸附近，暫時沒有清晰的買賣信號。預期俊知集團的股價在未來兩年會在大約 HK$0.8 至 HK$3.2 之間波動。

俊知集團股價圖（數據截至 2020 年 1 月 17 日）

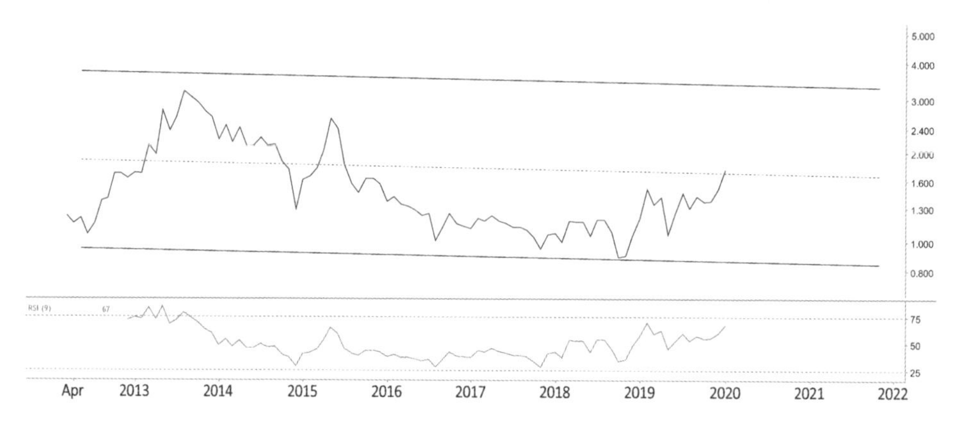

總結

俊知集團最近兩年愈賺愈多，形勢不錯。市盈率 8.25 倍（截至 2020 年 1 月 17 日），不算貴。最近一年的股東權益回報率超過 10%，也是一個很好的表現。技術分析方面，俊知集團的股價處於一個橫行的走勢。如果股價有機會到通道底部，就可以把握投資機會。

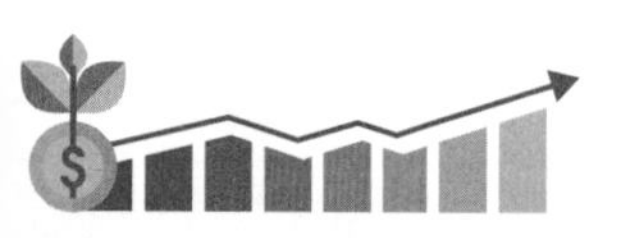

公司簡介

南方通信於 2016 年 12 月 12 日在香港聯交所主板上市，招股價為 HK$1.02。

南方通信為光纜供應商。根據 Freedonia，按銷量計為中國通訊類光纜市場的第十大光纜供應商。

南方通信的光纜產品可分為兩大類，亦為其主要收入來源，即層絞式光纜及中心管式光纜。此外，亦生產及提供其他類型光纜，如蝶形引入光纜及特種光纜。

南方通信的主要客戶為中國的電訊商及電訊支緩服務供貨商。

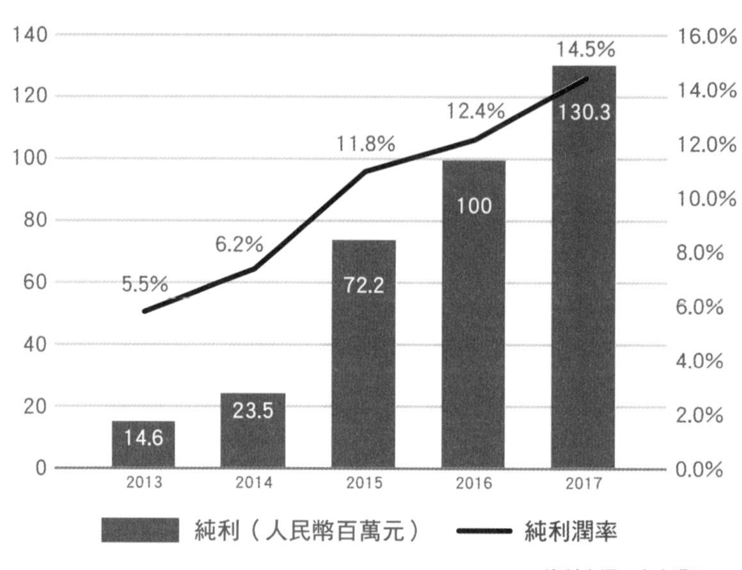

資料來源：南方通信 2017 年年報

5G 發展機遇

2015 年至 2020 年，中國通訊光纜市場的複合年增長率為 7.7%，主要由政府所採取的互聯網及移動基礎建設升級措施所帶動。5G 基礎網絡投資從 2019 年開始進入高峰期，有助於南方通信的業務實現可觀增長。

公司財務摘要

下面我們來看看南方通信的財務狀況。

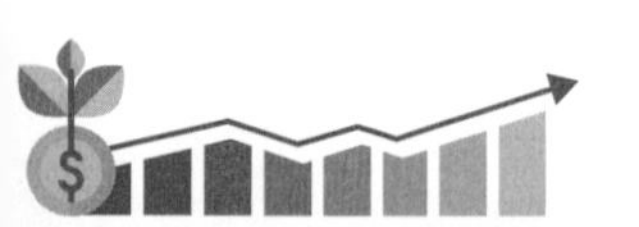

南方通信 2016 - 2018 的財務摘要

	2016/12	2017/12	2018/12
盈利 Net Profit（百萬）	111	156	161
每股盈利 EPS	0.1334	0.1439	0.148
每股盈利增長 EPS Growth (%)	/	7.89	2.88
市盈率	25.73	24.05	28.24*
股東權益回報率 ROE (%)	14.76	16.68	16.63
總營業額 Turnover（百萬）	806	901	900

資料來源：南方通信 2016 - 2018 年年報
* 數據截至 2020 年 1 月 17 日

基本分析

南方通信 2016 至 2018 年 3 年均錄盈利，並且有增長。股東權益回報率連續 3 年超過 14%，尚算不錯。

接下來我們來看看南方通信的股價走勢。

技術分析

Edwin Sir 通常用他獨特的「通道圖」來分析。

南方通信是一隻新上市不久的股票，通道圖從 2017 年開始形成，時間不是很長，所以穩定性一般。隨着恆生指數 2018 年初見頂以後，該股慢慢回落，但它的跌幅相對恆生指數較慢。現價處於通道底部。如果對這隻股票有興趣，通道底部附近是一個不錯的可以考慮買入的位置。預期南方通信的股價在未來兩年會在大約 HK$6 至 HK$9.2 之間波動。

南方通信股價圖（數據截至 2020 年 1 月 17 日）

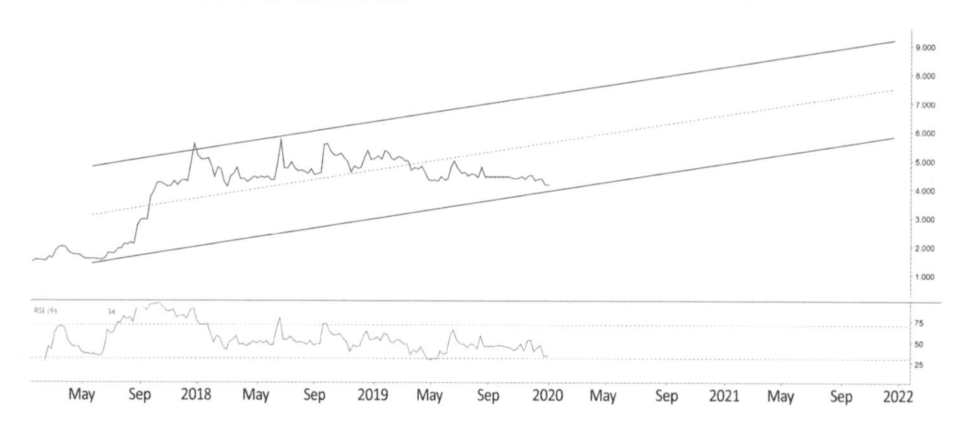

總結

南方通信近 3 年業務持續增長，股東權益回報率連續 3 年超過 14%，相當不錯。技術分析方面，處於一個不錯的上升軌，但通道圖時間比較短。目前股價處於通道底部，如能在通道底部有不錯的支持，可以考慮投資。如股價跌穿通道底則暫不宜買入，可待重新升穿通道底部再考慮。

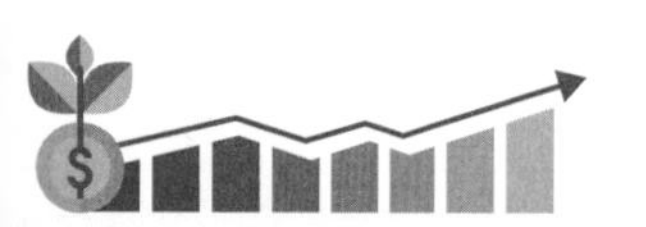

公司簡介

普天通信於 2017 年 11 月 9 日在香港聯交所主板上市，招股價為 HK$0.66。

普天通信是一家通訊線纜製造商和綜合布線產品供應商。公司產品包括種類繁多的光纜及通訊銅纜，多被用於電訊網絡營運商的網絡建設及維護。根據益普索報告，按通訊銅纜的銷售收入計，公司在中國通訊銅纜製造商中排名第十。

與主要客戶的長期穩定關係

在中國多家主要電訊網絡營運商，包括中國移動（0941）、聯通（0762）、中國電信（0728）。普天通信也被中國電信評為「十大卓越供應商」之一。

產品種類繁多

公司供應三大類 38 種光纜及 40 種通訊銅纜。

光纖需求持續增長

受益於中國政府實現 FTTH/O（光纖到戶及辦公室）全面覆蓋的目標，以及電訊運營商佈局下一代 5G 通訊的推動作用，預計光纖的需求在未來仍將保持強勁。

5G 發展機遇

普天通信的客戶包括中國移動（0941）、聯通（0762）、中國電信（0728）等大客，在國策推動下，各大電訊商定必加緊鋪設 5G 網絡，因此預期未來通訊線纜製造的需求將可保持強勁增長。

公司為迎接 5G 鋪設高速期，積極擴張集團的光纖生產能力，光纜年總產能大幅提高 3.7 倍至約 5.6 百萬芯公里。

公司財務摘要

下面我們來看看普天通信的財務狀況。

普天通信 2016 - 2018 的財務摘要

	2016/12	2017/12	2018/12
盈利 Net Profit（百萬）	58	70	97
每股盈利 EPS	/	0.0803	0.0877
每股盈利增長 EPS Growth (%)	/	/	9.15
市盈率	/	16.96	18.07*
股東權益回報率 ROE (%)	23.06	17.95	20.99
總營業額 Turnover（百萬）	468	621	785

資料來源：普天通信 2016 - 2018 年年報
* 數據截至 2020 年 1 月 17 日

基本分析

普天通信過去 3 年的純利及營業額均有不錯的增長，股東權益回報率 3 年都在 15% 以上，相當不錯。期望公司在 5G 時代業績能更上一層樓。

接下來我們來看看普天通信的股價走勢。

技術分析

Edwin Sir 通常用他獨特的「通道圖」來分析。

普天通信的通道圖從 2017 年 10 月開始，時間比較短，因此可靠性一般。在 2018 年上半年它是上升的，和恆生指數背道而馳，之後和恆生指數一樣下跌。2020 年 1 月股價在通道底部徘徊。如果對這隻股票有興趣，通道底部附近是一個不錯的可以考慮買入的位置。預期普天通信的股價未來兩年會在大約 HK$2 至 HK$4.3 之間波動。

普天通信股價圖（數據截至 2020 年 1 月 17 日）

總結

普天通信的盈利及營業額都有穩步增長，股東權益回報率在 15% 以上，相當不錯。由於為新上市公司，因而不確定性增加了。技術分析方面，股價在通道運行了兩年，可靠性一般。普天通信的股價 2020 年 1 月在通道底部徘徊，如通道底部可守穩，待股價開始回升時再考慮投資。

1782 飛思達科技

公司簡介

飛思達科技於 2016 年 12 月 15 日在香港聯交所創業板上市（代號 8432），招股價為 HK$0.74。之後於 2018 年 11 月 29 日轉到主板上市。

飛思達科技專門為大中型企業度身訂做系統內部部署服務（On-premises），監測客戶網絡系統性能效率、穩定性，分析客戶體驗等。另外，公司也提供互聯網和網絡應用性能管理（Application Performance Management，APM）產品及服務，包括視頻、電視及智能家居等。飛思達科技的 APM 軟件目前應用在中國約 5000 萬個機頂盒。

飛思達科技的主要客戶來自中國電訊運營商及大型商業企業，伴隨 5G 網絡建設加快，中國三大電訊商爭奪實現通訊網絡全部虛擬化和雲化部署，預期對 5G 的網絡性能 APM 服務需求高漲。電訊運營商部署和升級新業務時，往往會大規模採購性能管理系統（APM），已屬多年的慣例。飛思達科技與中國主要電訊商中移動有長達 10 年的合作經驗，相信將取得穩固訂單。加之，飛思達科技覆蓋客戶群廣泛，包括商用企業、互聯網電視企業及內地交易所等，網絡提速有望加快物聯網、車聯網發展，拉動企業對 APM 服務的需求，擴大其市場規模。

飛思達科技的毛利率整體處於穩步上升階段，從 2014 年的 57.86% 到 2018 年底的 60.89%，高毛利率也説明飛思達科技產品的競爭力相對較好，隨着飛思達科技的技術更新完成，毛利率或將進一步得到提升。

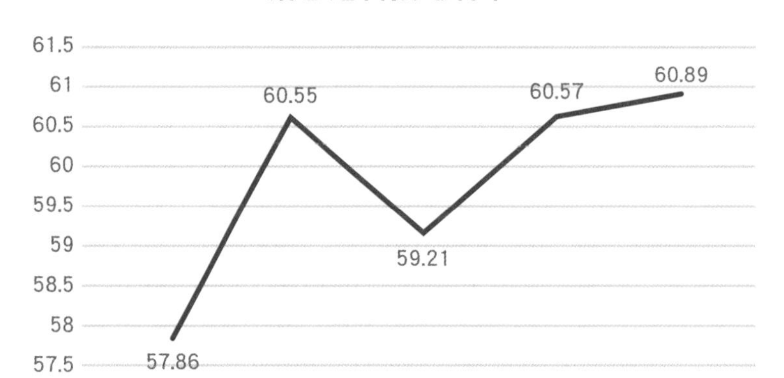

資料來源：飛思達科技 2014 - 2018 年年報

5G 發展機遇

飛思達科技已參與中國各電訊商的 5G 網絡實驗，包括監察 5G、維護及分析端到端應用表現等，期望 2020 年中國 5G 商用推出，相關收入貢獻可逐步體現。

另外，在 5G 時代，為滿足萬物互聯的實現，虛擬化核心網將在其中

擔任必不可少的重要角色，而虛擬化核心網背後則需要強大的應用管理技術作為支撐，以確保環環緊扣的網絡架構運行順暢，這將直接帶動應用性能管理（Application Performance Management，簡稱 APM）的業務需求。

飛思達科技通過在 5G 終端、基站及核心網絡中安裝虛擬探測器，監控獨立運行的多個虛擬服務器之間的交互和可變交互，找出影響應用性能運行的根本原因並加以優化解決。

公司財務摘要

下面我們來看看飛思達科技的財務狀況。

飛思達科技 2016 - 2018 的財務摘要

	2016/12	2017/12	2018/12
盈利 Net Profit（百萬）	11	27	32
每股盈利 EPS	0.0292	0.0547	0.0639
每股盈利增長 EPS Growth (%)	-47.31	134.07	19.46
市盈率	18.71	10.05	11.11*
股東權益回報率 ROE (%)	9.04	16.71	16.30
總營業額 Turnover（百萬）	74	109	115

資料來源：飛思達科技 2016 - 2018 年年報
* 數據截至 2020 年 1 月 17 日

基本分析

飛思達科技 2016 至 2018 年 3 年均錄盈利，且盈利及營業額都不斷增加。股東權益回報率最近兩年超過 16%，算是不錯。

接下來我們來看看飛思達科技的股價走勢。

技術分析

Edwin Sir 通常用他獨特的「通道圖」來分析。

飛思達科技的通道圖從 2017 年開始，相對比較短，它的走勢和恆生指數基本同步。目前股價在通道的底部附近。股價很多次在通道圖的底部，都可以反彈上中軸，所以每次在通道的底部都可以考慮買入。預期飛思達科技的股價在未來兩年會在大約 HK$0.6 至 HK$1.6 之間波動。

飛思達科技股價圖（數據截至 2020 年 1 月 17 日）

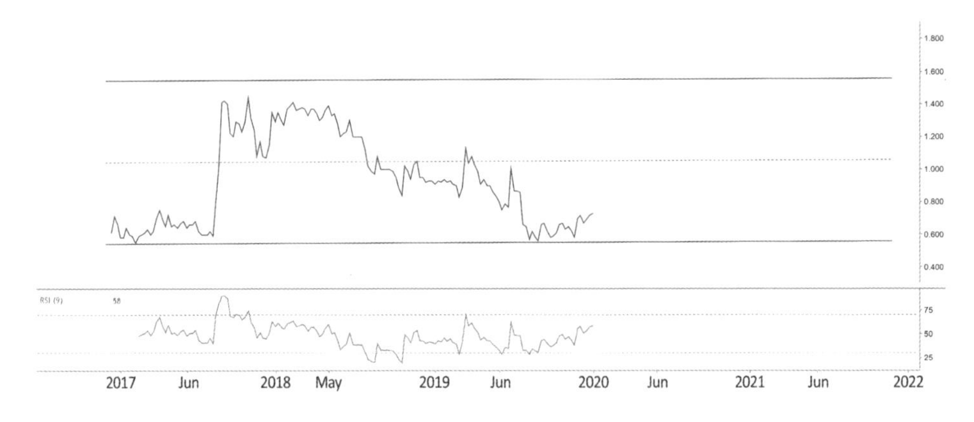

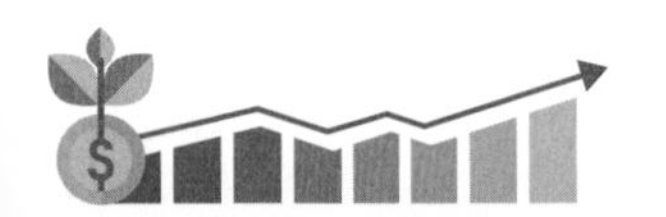

總結

飛思達科技 2016 至 2018 年的盈利穩步增長。股東權益回報率在 15% 以上，相當不錯。但由於是不久前才從創業板轉到主板上市，需要留意公司經營狀況。技術分析來看，通道圖運行了兩年還算穩定，2020 年 1 月的股價在通道底部附近，尚算吸引。

爆升指數 3

1888 建滔積層板

公司簡介

建滔積層板於 2006 年 12 月 7 日在香港聯交所主板掛牌上市，招股價為 HK$7.73。

建滔積層板成立於 1988 年，連續 12 年位居全球層壓板市場領先地位，市場份額全球最大。

根據 Prismark Partners LLC 的數據顯示，建滔積層板是全球覆銅面板龍頭企業，連續 13 年穩居全球覆銅面板市場第一位，全球市場佔有率為 14%。

建滔積層板打造了覆銅板的垂直供應鏈，與上游的原材料能形成較好的協同，可進一步縮減成本，加大優勢。

5G 發展機遇

由於 5G 採用中高段頻率傳輸，傳播距離較 4G 更短，這就需要更多的基站。5G 基站數將達到 4G 的 1.3 至 1.5 倍，且由於 MIMO 技術的運用，在射頻單元（AAU）中，原本通過饋線連接的部分將逐步改用 PCB。覆銅板作為 PCB 板的核心材料，PCB 板需求的增加，必然會帶動覆銅板銷量的上升，而進入 5G 時代，這一需求有望提升。

隨着 5G 的推進，PCB 在全球 5G 中的市場規模高至 1165 億，是 4G 時期的 5.5 倍，在 PCB 的帶動下，5G 時期覆銅板的需求也將大幅增長。

建滔積層板的產品已開始用於 5G 基站的改造，為迎接 5G 市場的到來，公司準備將產能擴大 10% 至 15%。

公司財務摘要

下面我們來看看建滔積層板的財務狀況。

建滔積層板 2016 - 2018 的財務摘要

	2016/12	2017/12	2018/12
盈利 Net Profit（百萬）	4,347	3,765	3,250
每股盈利 EPS	1.4490	1.2250	1.0550
每股盈利增長 EPS Growth (%)	243.36	-15.46	-13.88
市盈率	10.55	7.64	9.30*
股東權益回報率 ROE (%)	30.17	21.55	18.57
總營業額 Turnover（百萬）	15,532	18,338	20,646

資料來源：建滔積層板 2016 - 2018 年年報
* 數據截至 2020 年 1 月 17 日

基本分析

建滔積層板的股東權益回報率可以連續 3 年保持在 15% 以上，算是不錯。總營業額過去 3 年也有穩步增長。但是公司的每股盈利增長在 2017 及 2018 年都倒退，顯示公司經營遇到很大挑戰。市盈率截至 2020 年 1 月 17 日為 9.3 倍，算是不錯。

接下來我們來看看建滔積層板的股價走勢。

技術分析

Edwin Sir 通常用他獨特的「通道圖」來分析。

建滔積層板的股價通道是從 2009 年到 2019 年長達 10 年，所以這個通道圖比較可靠。除了 2012 至 2016 年是在底部牛皮橫行之外，大部分時間基本都和恆生指數同步。可以看到，HK$4 左右是一個很堅強的底部，較難跌穿。如果可以在那個位置買入，可以上到中軸大約 HK$10，可算是一個比較好的投資。現價在下軸附近爭持，暫時沒有一個較清晰的買入信號。比較理想的策略有二：一是待股價升穿中軸以後，再買入，屆時可以上望通道頂部大約 HK$16。二是在通道底部 HK$4 附近收集，中長線持有。預期建滔積層板的股價在未來兩年會在大約 HK$4 至 HK$17 之間波動。

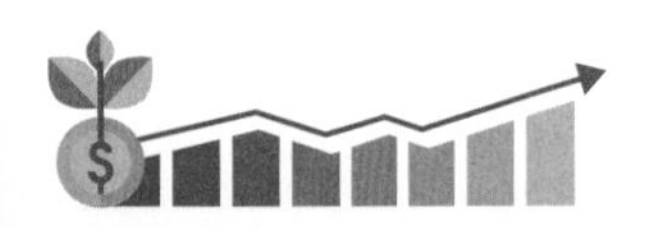

建滔積層板股價圖（數據截至 2020 年 1 月 17 日）

總結

建滔積層板的股東權益回報率，連續 3 年超過 15%，是一個相當不錯的優點。缺點是雖然有穩定的盈利，但愈賺愈少，不是很理想。以工業股來説市盈率 9.30 倍算合理（截至 2020 年 1 月 17 日）。股價處於找一個很穩定的通道，曾挑戰中軸，但失敗。如果有機會在通道底部買入，可以放心長線持有。

2342 京信通信

公司簡介

京信通信於 2003 年 7 月 15 日在香港聯交所主板上市，招股價為 HK$1.88。

京信通信是一家集研發、生產、銷售以及服務於一體的無線解決方案供應商，主要為全球客戶提供無線接入、無線優化、天線及子系統、無線傳輸等多元化產品及服務。

公司主要業務

1. 天線及子系統：主要是為網絡運營商以及設備商提供天線產品以及配套的子系統。

2. 網絡系統：包括無線接入和無線優化，其中無線接入主要是小基站系列產品以及網關、網管、EPC 全接入網解決方案，無線優化主要包含多業務分佈式接入系統。

3. 服務：主要是通訊工程以及網絡優化過程中提供的配套工程服務。

4. 運營商業務：主要來自於收購的老撾運營商 ETL。

公司的主要客戶為三大運營商（中國移動，中國聯通和中國電信）以及國際客戶和通訊核心設備製造商，主要包括諾基亞和愛立信。

京信通信為基站天線行業龍頭。公司連續 7 年被 EJL Wireless Research 評為全球一級基站天線供應商，2017 年公司全球出貨量佔比約為 13%，位居第二，行業地位穩固。2018 年公司在內地基站天線市場規模佔比達到 29.7%，僅次於華為。

5G 發展機遇

高研發投入保證領先水平

京信通信研發費用率不斷提升，為 5G 網絡建設做好相應的技術儲備。公司研發費用遠高於中國其他基站天線廠商，從而確保公司自身行業龍頭的地位。

5G 宏基站數量有望達到 450 萬，帶動基站天線需求快速增長

5G 時期，64TR MIMO 基站天線將成為主流，其成本目前是 4G 的 5 倍以上。另外，5G 基站建設提振基站天線需求，總量有望達到 1350 萬副，整體市場規模有望達到 810 億元。Massive MIMO 天線考驗廠商技術水平，市場向龍頭廠商傾斜，京信通信的優勢地位有望進一步擴大。

小基站將快速發展

小基站將協助宏基站實現 5G 網絡深度覆蓋，總市場規模將達到 279 億元人民幣。由於 5G 信號頻率較高，信號穿透能力較差，每個宏基站周邊至少需要 3 至 10 個小基站配套，以實現信號的深度覆蓋。

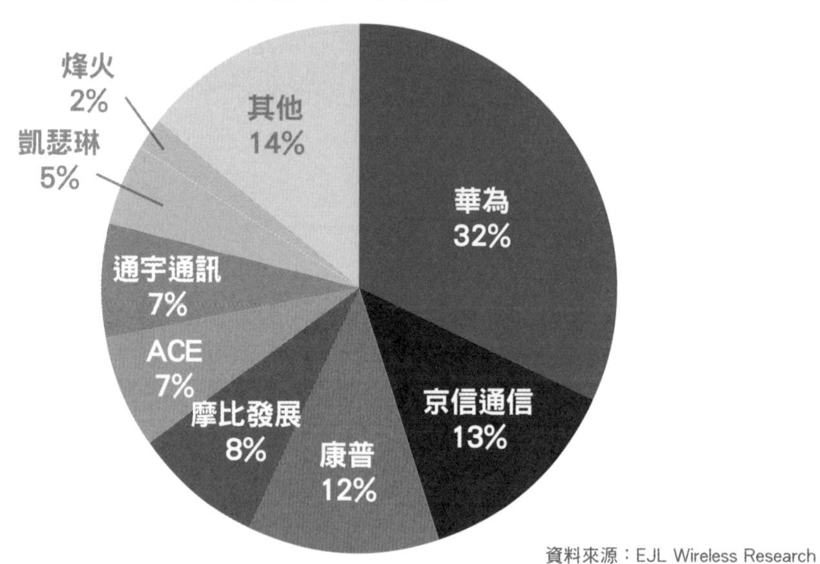

資料來源：EJL Wireless Research

公司財務摘要

下面我們來看看京信通信公司的財務狀況。

京信通信 2016 - 2018 的財務摘要

	2016/12	2017/12	2018/12
盈利 Net Profit（百萬）	152	27	-171
每股盈利 EPS	0.0623	0.0112	-0.7070
每股盈利增長 EPS Growth (%)	-28.31	-82.02	-6412.5
股東權益回報率 ROE (%)	4.43	0.73	/
總營業額 Turnover（百萬）	5,954	5,563	5,663

資料來源：京信通信 2016 - 2018 年年報

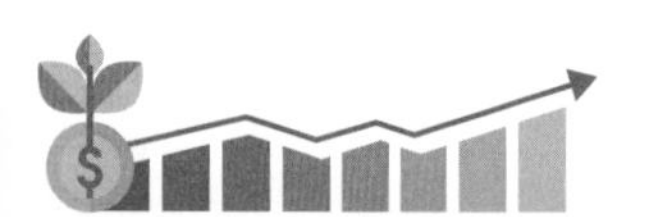

基本分析

京信通信 2017 年純利大幅下跌，2018 年度更是由盈轉虧。期望 5G 上馬後，有機會扭虧為盈，暫時不用太悲觀。

接下來我們來看看京信通信的股價走勢

技術分析

Edwin Sir 通常用他獨特的「通道圖」來分析。

京信通信的股價處於一個很穩定的通道圖，是從 2009 年到現在。上升得比較好的階段是從 2009 年到 2011 年中。股價見頂之後逐步下調，目前股價在通道圖的下方徘徊。我們看到股價在通道底部防守得比較好，從底部約 HK$1.1 左右，已經升了一倍，讀者可能覺得這次錯過了機會，但是不要緊，之後如果有機會可以在通道底部再買入投資。預期京信通信的股價未來兩年會在大約 HK$1 至 HK$4.5 之間波動。

京信通信股價圖（數據截至 2020 年 1 月 17 日）

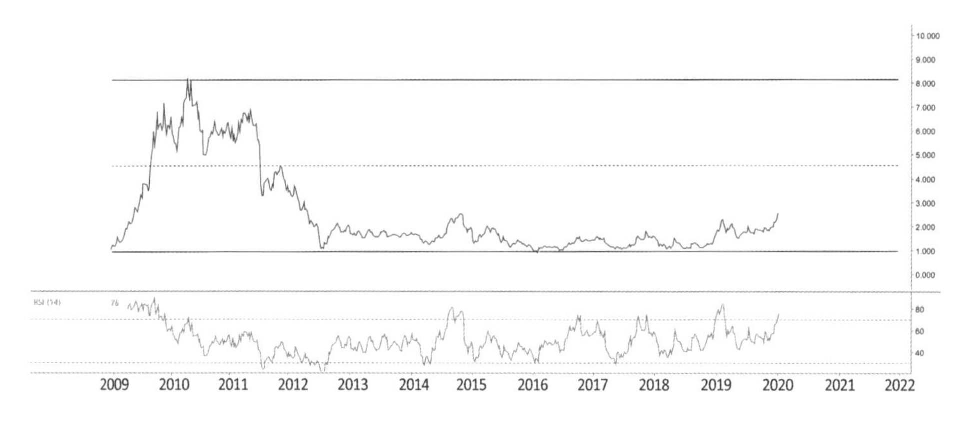

總結

京信通信近兩年業績大幅倒退。期望 5G 上馬之後，可以扭轉形勢。過去公司的股東權益回報率都不是很理想，所以股價一直落後。目前它處於一個相對高位，宜再耐心等待機會。

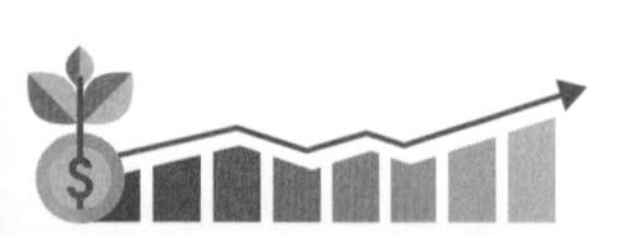

長飛光纖光纜

公司簡介

長飛光纖光纜於 2014 年 12 月 10 日在香港聯交所主板上市，招股價為 HK$7.39。

長飛光纖光纜是全球最大的光纖光纜供應商，成立於 1988 年。截至 2017 年底，長飛光纖光纜的光纖預製棒、光纖、光纜產品在全球市場佔有率分別為 19.9%、14.2% 及 13.3%，均位列世界第一。

香港主板上市 4 年後，長飛光纖光纜於 2018 年 7 月 20 日在上海證券交易所（股票代碼：601869.SH）上市，招股價為人民幣 ¥26.72，成為中國光纖光纜行業首家 A+H 股上市企業。

產品覆蓋全面

長飛光纖光纜是中國少數的以光纖光纜為唯一業務的公司，擁有全產業鏈產品配置。

- 在光棒方面，長飛光纖光纜產品涵蓋長度為 50mm 至 3050mm、直徑為 33mm 至 210mm 的多種型號光棒，包括全系列單模、多模和特種光纖預製棒；

- 光纖產品方面，公司是內地唯一一家可以提供全系列通訊光纖產品的企業，包括 9 種單模光纖、10 種多模光纖以及多種特種光纖；

- 也能生產全系列通訊光纜，並可根據客戶需求定製化生產多種特種光纜。

長飛光纖光纜是世界少數幾間掌握 PCVD、OVD、VAD 三種光纖預製棒製備工藝的生產商之一，並已獲得 300 多項國家授權專利。

市場份額行業領先

長飛是內地少數能夠大規模一體化生產開發光纖預製棒、光纖和光纜的公司之一，並持續向產業鏈的上下游拓展。棒、纖、纜的一體化生產，提升了公司的生產水平和運營水平。根據中國前瞻產業研究院的數字，長飛在中國光纖及光棒的市場份額均為第一。

2017 年中國光纖市場份額

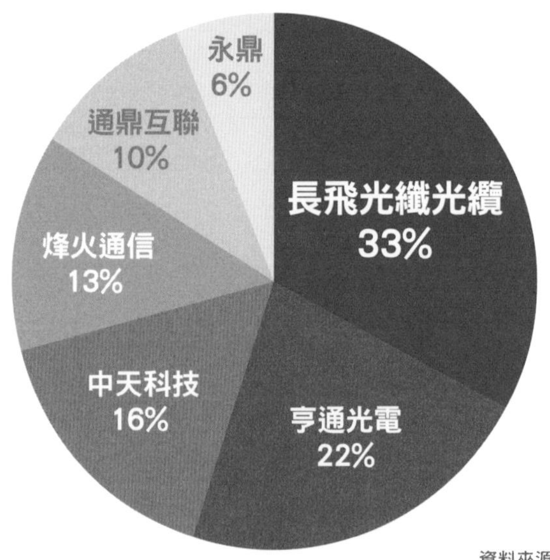

資料來源：中國前瞻產業研究院

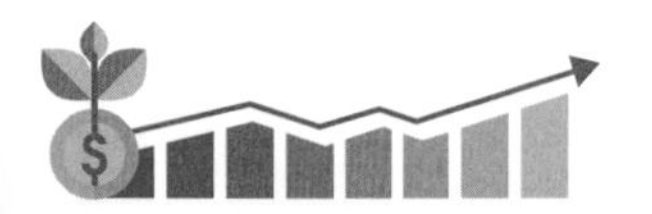

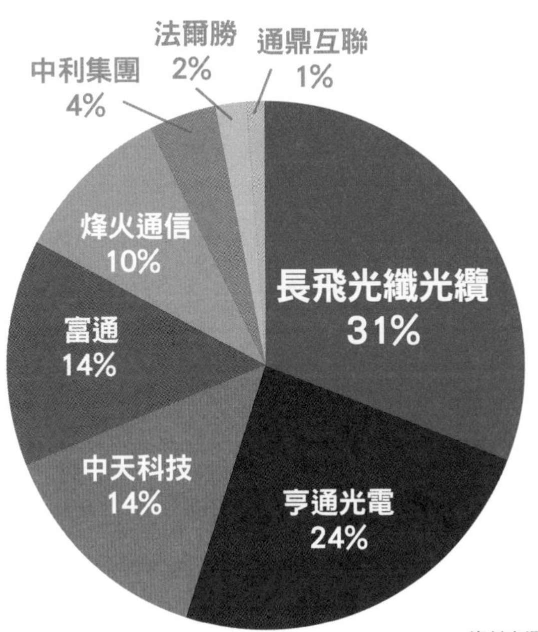

產能優勢鑄就雄厚護城河

光棒是產業鏈進入壁壘最高、擴產難度最大的環節。2013 年底，長飛光棒產能已經達到 5700 萬芯公里，成為內地唯一一家具有光纖預製棒外銷能力的企業。

目前，中國是當之無愧的光纖光纜大國。長飛公司更是牢牢佔據行業第一的寶座。

客戶關係穩固

2015 至 2017 年來自中國三大電訊運營商的銷售收入佔比分別為 31.48%、35.71% 和 36.05%，並持續微幅提升。其中中國移動一直是營收佔比最高的客戶。

光纖市場處於增長階段

2010 至 2017 年全球光纖產量和中國光纖產量的複合增長率分別為 14.42% 和 23.10%，中國光纖產業快速發展，增速遠高於全球。2017 年，中國光纖產量達到 3.47 億芯公里，佔全球光纖產量比例為 65%，較 2010 年佔比提高約 26%。

5G 發展機遇

中國移動、中國電信、中國聯通三大電訊商光纖光纜需求量佔內地總需求的 80% 左右。所以，電訊商的網絡建設對光纖光纜行業有重大影響。

5G 時代即將來臨，市場對光纖預製棒、光纖和光纜的需求將會進一步提升。根據英國通訊顧問公司 CRU Group 的報告，預計至 2021 年全球及中國光纜需求量將分別達到 6.17 億芯公里和 3.55 億芯公里，中國的需求佔全球需求的比例超過一半。

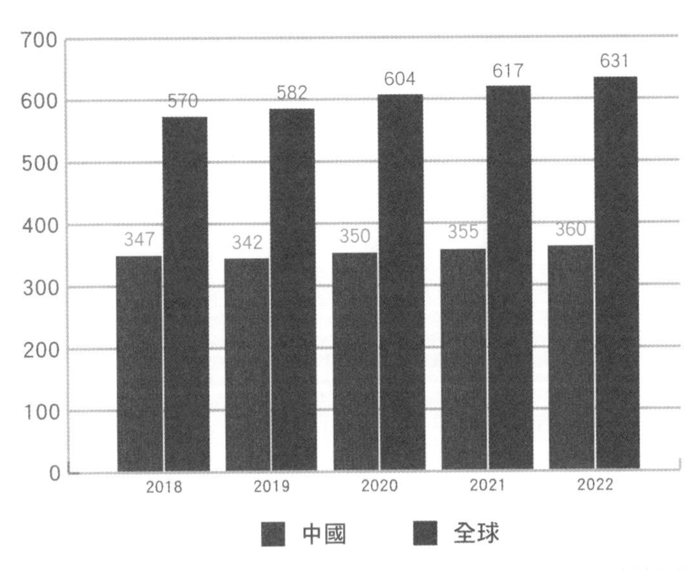

資料來源：CRU Group

由於 5G 使用的頻段比 4G 更高，單個發射站覆蓋的範圍將會變小，這意味着相同覆蓋面積下，5G 的發射站數量將比 4G 更多，發射站連接所需的光纖規模也隨之增加。

中國聯通預計 5G 宏基站密度至少為 4G 的 1.5 倍，加上新增的微基站，基站總數有望達到 4G 時代的 2 至 3 倍。要實現更密集的網絡覆蓋，光纖用量也將呈指數型增長。根據 Fiber Broadband Association 的測算，5G 時代光纖數量將達 4G 的 16 倍。

公司財務摘要

下面我們來看看長飛光纖光纜的財務狀況。

長飛光纖光纜 2016 - 2018 年的財務摘要

	2016/12	2017/12	2018/12
盈利 Net Profit（百萬）	671	797	1,521
每股盈利 EPS	1.0467	1.1668	2.23
每股盈利增長 EPS Growth (%)	-11.71	11.47	91.12
市盈率	14.82	7.8	7.44*
股東權益回報率 ROE (%)	15.96	17.21	24.21
總營業額 Turnover（百萬）	6,731	8,111	10,366

資料來源：長飛光纖光纜 2016 - 1018 年年報
* 數據截至 2020 年 1 月 17 日

基本分析

根據 Edwin Sir 的揀股原則，長飛光纖光纜符合了 3 個重要的要求。第一是連續 3 年有盈利，表明它是一間好公司，業務發展良好。第二是連續 3 年純利有增長，反映公司的生意是愈做愈好。第三是 ROE 連續 3 年超過 15%，表明管理層為股東積極賺取回報。因此，這間公司的基本面非常優秀，而且預計將來生意會有較好的增長。

為什麼我們這麼看重一家公司的基本面？因為在股市升的時候，很多公司的股價都會升，而業績好的公司的爆升能力比較強，當大市調整的時候，那些有盈利、基本面比較好的公司股價都可以保持比較穩定，抗跌能力較強，風險相對較低。

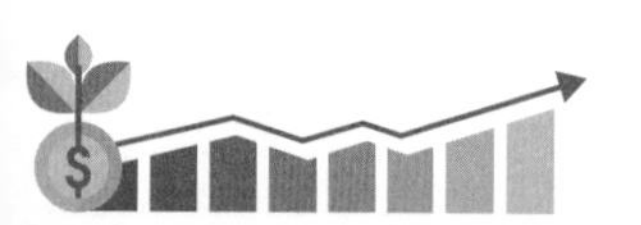

接下來我們來看看長飛光纖光纜的股價走勢。

技術分析

Edwin Sir 通常用他獨特的「通道圖」來分析。

我們看遠一點，這個由 2014 年開始的長飛光纖光纜股價通道圖。公司股價自「港股大時代」之後跌至最低位 HK$6.7，之後拾級而上，隨着大市上升而不斷上升，其中 2017 年 8 至 11 月升得比較急，從 HK$16 升到 HK$42。當恆指升到最高位 33,484 點之後，當時 RSI 也已經到 80 多，股價便隨着大市回落。之後 2018 年 10 月跌到通道底部。Edwin Sir 經常説買股票需要耐心，如果在通道底部買，就會比較放心。再加上現時 RSI 已經在 30 附近和有底背馳現象，也是另一個見底的信號，其實當時股價是一個入市的好時機。通常好的股票在見底以後，股價都會沿着通道慢慢上升。如果買了這隻股票，第一目標可以看中軸，已經超過 HK$28。如果之後股價可以升穿中軸，當然可以再看高一線。如果更進取的讀者，甚至可以把第二目標設在通道頂部，大約 HK$44。

可以看到這個通道圖一直延伸到 2022 年，預計這隻股票未來會在 HK$14 至 HK$46 之間波動，每次跌到 HK$14 至 HK$18 是屬於便宜的範圍，而到了大約 HK$30 左右在通道的中軸可能會遇到阻力，有機會跌下來，也有機會升穿中軸，到達通道頂部大約 HK$46。如果有機會在通道底買入並耐心持有到通道頂，會有約 2.5 倍的回報。

長飛光纖光纜股價圖（數據截至 2020 年 1 月 17 日）

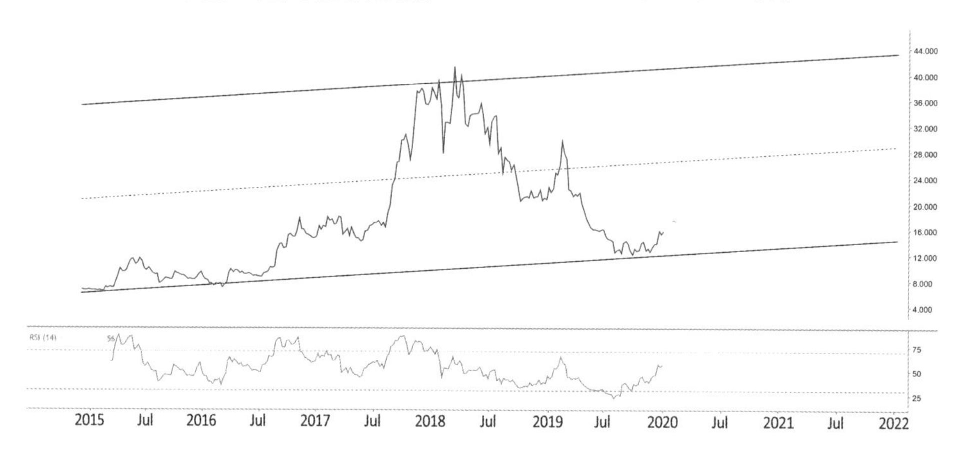

總結

Edwin sir 經常說買股票要買「龍頭股」，所以長飛光纖光纜是一間我們值得重點留意的公司。

長飛光纖光纜業績亮麗，2018 年的純利是 2016 年的 2.26 倍。截至 2020 年 1 月 17 日的市盈率為 7.44 倍，估值偏低。該公司的股東權益回報率連續 3 年 15% 以上，屬於非常好。技術分析方面，該股處於一個不錯的上升軌，如果在通道底部附近買入，可以放心長線持有。期望長飛光纖光纜進入 5G 年代以後，業務可以繼續快速增長。該股為 5G 板塊重點關注的股份之一。

爆升指數 4.5

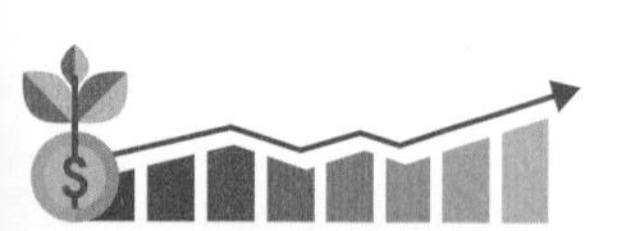

第四章 5G第二期個股分析

5G 的第二期個股主要包括電訊商、手機製造商，以及提供雲端和大數據服務的公司。

本章將介紹以下相關個股：

代號	名稱	代號	名稱
0008	電訊盈科	0215	和記電訊
0285	比亞迪電子	0315	數碼通
0698	通達集團	0728	中國電信
0732	信利國際	0762	中國聯通
0941	中國移動	1415	高偉電子
1478	丘鈦科技	1810	小米集團
1883	中信國際電訊	2000	晨訊科技
2018	瑞聲科技	2038	富智康
2382	舜宇光學	6823	香港電訊
8167	中國新電信		

0008 電訊盈科

公司簡介

電訊盈科於 1994 年 10 月 18 日在香港聯交所主板上市，招股價為 HK$1.20。

電訊盈科是一家以香港為總部的環球公司，業務包括電訊、媒體、資訊科技服務方案、物業發展及投資以及其他業務。

電訊盈科的主要業務包括：

1. 持有香港電訊信託與香港電訊有限公司（6823）51.97% 股權。香港電訊是電訊服務供應商及固網、寬頻及流動通訊服務營運商。

2. 經營本港收費電視業務 Now TV，及提供以 Viu 為品牌的、香港和區內其他地方的免費電視服務。

3. 持有盈科大衍地產發展有限公司（0432）的 70.88% 股權。

電訊盈科旗下的香港電訊，其光纖網絡覆蓋 88.3% 的家庭及 7400 棟非住宅大廈。CSL Mobile 營運 csl 及 1O1O 流動通訊服務品牌。PCCW Global 經營 Tier-1 標準環球互聯網主幹網絡，覆蓋 150 個國家逾 3000 個城市。電訊盈科亦提供一系列非電訊的服務，包括流動支付、旅遊及保險。

5G 發展機遇

電訊盈科為 CSL Mobile 的母公司，是香港主要電訊營運商之一，營運 csl 及 1O1O 流動通訊服務品牌，2018 年底擁有 432.4 萬客戶。預計 5G 的開通將給公司帶來穩定盈利及現金流。

公司財務摘要

下面我們來看看電訊盈科的財務狀況。

電訊盈科 2016 - 2018 年的財務摘要

	2016/12	2017/12	2018/12
盈利 Net Profit（百萬）	2051	2038	897
每股盈利 EPS	0.2679	0.2645	0.1163
每股盈利增長 EPS Growth (%)	-12.39	-1.27	-56.03
市盈率	16.35	17.81	40.84*
股東權益回報率 ROE (%)	17.05	10.62	5.25
總營業額 Turnover（百萬）	38,384	36,832	38,850

資料來源：電訊盈科 2016 - 2018 年年報
* 數據截至 2020 年 1 月 17 日

基本分析

雖然電訊盈科 2016 至 2018 年 3 年均錄盈利，但公司 2018 年的盈利大幅倒退，每股盈利增長倒退 56.03%，2020 年 1 月 17 日的市盈率約 40.84 倍，以業績來看不太理想，屬偏貴。而股東權益回報率 2018 年只剩下 5.25%，令人憂慮。

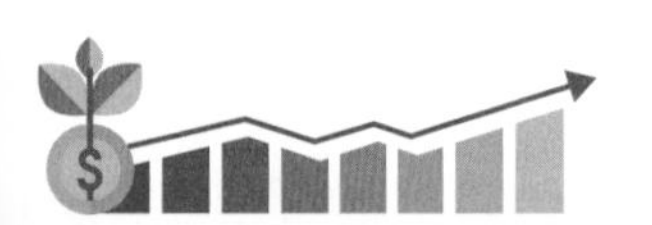

接下來我們看看電訊盈科的股價走勢。

技術分析

Edwin Sir 通常用他獨特的「通道圖」來分析。

電訊盈科的通道圖是從 2010 年開始。可以看到股價處於一個上升軌，這意味着如果你買了這一隻股票，長期持有的話，會有不錯的回報。這類股票適合逢低買入，在通道的底部買入，到了通道的頂部就放出。還可以配合 RSI 的高低，去決定買賣時機。我們可以看到現在的股價處於通道底附近，表明股價較便宜，如果已經持有，可以放心等待。如果股價升到通道的中軸大約 HK$6，可以考慮減持。

這個通道是從 2010 年開始，算一個比較漂亮的通道圖。因此如果依靠這個通道圖來做買入或賣出的決定，是比較可靠的。

未來兩年電訊盈科的股價會在大約 HK$5 到 HK$7.2 之間波動，每次股價去到通道底部都是一個投資的機會。

電訊盈科股價圖（數據截至 2020 年 1 月 17 日）

總結

電訊盈科 2018 年盈利倒退，有機會是公司開始部署 5G 方面的投資，投資大了，業績難免倒退，股東權益回報率只剩下 5.25%，該公司的業務在將來 5G 上馬之後是否會有所改善，值得觀察。從技術分析來看，股價處於一個非常漂亮的上升軌。如果將來股價有機會到了通道底部，可以考慮投資。始終電訊盈科是一家很有實力的公司。

公司簡介

和記電訊於 2009 年 5 月 8 日從和記電訊國際以介紹形式分拆上市。

和記電訊從事香港及澳門以「3」品牌經營流動電訊服務，是長江和記實業有限公司的子公司。

2017 年 7 月 30 日，和記電訊宣布以 144.97 億港元現金代價，出售固網電訊業務和記環球電訊給 Asia Cube Global Communications，交易並於同年 10 月 3 日完成。

5G 發展機遇

2019 年 3 月，香港特區通訊局以行政方式指配中國移動香港（0941）、香港電訊（6823）及數碼通（0315）3 間電訊服務商獲得香港 5G 的 26GHz 及 28GHz 頻譜，各獲分配 400 兆赫。

和記電訊旗下「3 香港」沒有向通訊局申請 26GHz 及 28GHz 頻譜。至於屬於 5G 中頻段的 3.5GHz 頻譜，和記電訊以港幣二億零二百萬元投得 3560 至 3600 兆赫的頻段。

另外，旗下「3 香港」與華為合作完成端對端窄頻物聯網（NB-IoT）的建設。NB-IoT 特色為覆蓋廣、耗電低、傳輸安全等優勢，可支援不同

應用，例如水表、電表等大量低功耗的物聯網終端。

公司財務摘要

下面我們來看看和記電訊的財務狀況。

和記電訊 2016 - 2018 年的財務摘要

	2016/12	2017/12	2018/12
盈利 Net Profit（百萬）	682	4766	404
每股盈利 EPS	0.1415	0.9890	0.0838
每股盈利增長 EPS Growth (%)	-25.49	598.94	-91.53
市盈率	23.04	3.30	18.74*
股東權益回報率 ROE (%)	5.94	30.08	2.53
總營業額 Turnover（百萬）	8,332	6,752	7,912

資料來源：和記電訊 2016 - 2018 年年報
* 數據截至 2020 年 1 月 17 日

基本分析

和記電訊因 2017 年出售固網業務，而錄得一次性的純利 56.14 億元，如果「未計出售附屬公司」的股東應佔純利 2017 年度為 5.43 億元，按年跌 20%。

讀者可以從上表看出，和記電訊的盈利在過去 3 年非常不穩定，而且 2018 年的盈利比 2016 年更低，從壞處看是香港的電訊市場競爭非常激烈。從好的方面看，和記電訊算是穩定的一家公司，有穩定盈利，不易虧損。

另外，和記電訊的股東權益回報率 ROE 在 2018 年只有單位數，屬於偏低。

接下來我們來看看和記電訊的股價走勢。

技術分析

Edwin Sir 通常用他獨特的「通道圖」來分析。

和記電訊的股價從 2010 年開始，處於一個輕微的上升軌，直到現在。曾經在 2013 年 5 月到了最高位 HK$4.66。但 2019 年 5 月中，受中美貿易紛爭影響，加上受派特別息除淨影響，股價拾級而下，跌到通道底部，回到 2010 年水平，屬於比較便宜。

可以預期，未來 2 年和記電訊的股價會在大約 HK$1.3 至 HK$5 之間波動，如果股價在通道底部有明顯支持，是可以考慮投資的，畢竟如果從通道底一直持有到通道頂有近 3 倍的回報。

和記電訊股價圖（數據截至 2020 年 1 月 17 日）

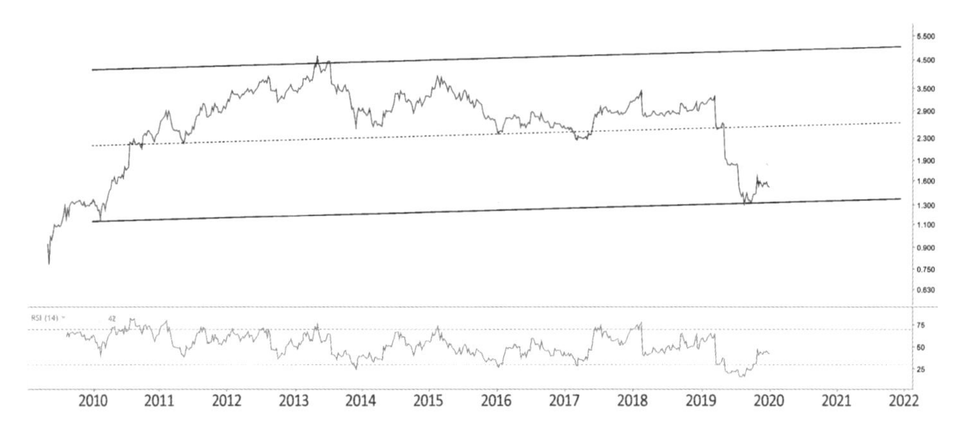

總結

和記電訊的基本因素合格，有合理利潤，股東權益回報基本上只有單位數，屬於較低水平。去除特殊收益之後，核心盈利在下降。預計 5G 建設初期公司的資本開支會增大，純利未必會很樂觀，有待觀察其在 5G 方面的發展。技術分析方面，處於一個輕微上升軌，可在通道底部趁低吸納。

比亞迪電子

公司簡介

比亞迪電子於 2007 年 12 月 20 日香港主板上市，招股價為每股 HK$10.75。

比亞迪電子成立於 2007 年，是比亞迪股份（1211）的控股子公司，為消費電子品牌提供設計、部件製造及組裝服務，

比亞迪電子的業務包括三大領域：

1. 智能手機和筆記本電腦（金屬、塑膠、玻璃、陶瓷等全系零部件產品及 ODM、整機組裝）
2. 汽車智能系統（多媒體車機、智能網聯系統、通訊模塊、傳感器模組等）
3. 新型智能產品（物聯網、智能家居、智能工業、智能商業、遊戲等領域的產品）

手機品牌集中化有利於提高份額

比亞迪電子的主要客戶是三星、華為、vivo、LG、OPPO 及小米等。隨着華為、OPPO、vivo、小米的份額持續提升，比亞迪電子的業務量不斷上升，在行業中的市場地位也不斷提升。

智能手機金屬部件的主要供應商

比亞迪電子擁有 25,000 台 CNC（Computer Numerical Control）機牀，加上外協 5000 台，擁有同業中第二大的 CNC 數量，為金屬機殼的領先供應商。CNC 機牀可根據預先設定的電腦程式運作，從而幫助製造商實現高精度量產。公司充分利用 CNC 機牀數量儲備充足這一優勢，現已成為三星的兩家主要金屬部件供應商之一，並成為包括華為、vivo、小米等中國智能手機品牌的主要金屬部件供應商。2017 年，其 50% 的金屬部件收入來自三星，25% 的金屬部件收入來自華為。

3D 玻璃機殼及陶瓷後蓋是未來業績最重要增長動力

3D 玻璃在高端旗艦市場的滲透率提升。比亞迪電子自製 3D 玻璃熱彎機，成本大大低於行業價格。隨着 3D 玻璃在國產手機中的放量，3D 玻璃的業績將帶動公司的整體業績往上。

5G 發展機遇

5G 技術推動 3D 玻璃及陶瓷外殼的廣泛採用。

5G 網絡對於移動終端的信號接受能力要求不斷提高。傳統的金屬機殼已不能滿足 5G 要求，而塑膠機殼雖然無干擾，但在質感方面滿足不了消費者的需求。應運而生的是陶瓷和 3D 玻璃。這兩種材料不僅無干擾，而且美觀，3D 玻璃還具備輕薄、透明潔淨、抗指紋、防眩光、堅硬、耐刮傷、耐候性佳等優點，並能滿足無線充電所需的增強收訊功能。另外，陶瓷具有相比玻璃和金屬具有更強的耐磨抗刮性和更小的電磁屏蔽性，並擁有接近金屬的優異散熱性，陶瓷外殼可以說是最適合 5G 時代的手機。

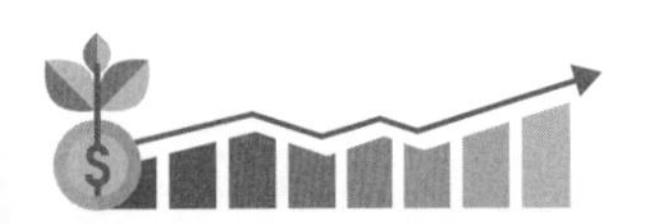

5G 技術將在 2019 年及之後加速推動 3D 玻璃和陶瓷替代金屬外殼。公司已取得內地主要客戶發布的旗艦機型訂單，有望實現 3D 玻璃外殼的收入和產能同時雙倍增長。

公司財務摘要

下面我們來看看比亞迪電子的財務狀況。

比亞迪電子 2016 - 2018 年的財務摘要

	2016/12	2017/12	2018/12
盈利 Net Profit（百萬）	1371	3099	2492
每股盈利 EPS	0.6112	1.3787	1.1044
每股盈利增長 EPS Growth (%)	29.92	125.58	-19.89
市盈率	24.25	7.18	15.72*
股東權益回報率 ROE (%)	10.49	18.21	13.83
總營業額 Turnover（百萬）	36,734	38,774	41,047

資料來源：比亞迪電子 2016 - 2018 年年報
* 數據截至 2020 年 1 月 17 日

基本分析

比亞迪電子的基本面不錯，連續 3 年有純利。2017 年的每股盈利增長更達 125%，相當亮麗。股東權益回報率（ROE）連續 3 年在 10% 以上，總營業額也按年穩步增長。該公司值得重點留意。

接下來我們來看看比亞迪電子的股價走勢。

技術分析

Edwin Sir 通常用他獨特的「通道圖」來分析。

比亞迪電子的股價通道是從 2012 年初開始，時間比較長，是屬於一個可靠的通道，有 3 次見頂分別是 2014 年 10 月、2015 年 5 月港股大時代和 2017 年 10 月的最高位 HK$26.45，股價和恒生指數基本上同步。過去一年比亞迪電子的股價曾幾次挑戰通道中軸。如果已經持有比亞迪電子的股份，可以耐心等待。2020 年初，比亞迪電子的股價已突破中軸，看看會不會再次破頂。未來兩年，比亞迪電子的股價波動幅度比較大，大約是在 HK$9 到 HK$60 之間波動。

比亞迪電子股價圖（數據截至 2020 年 1 月 17 日）

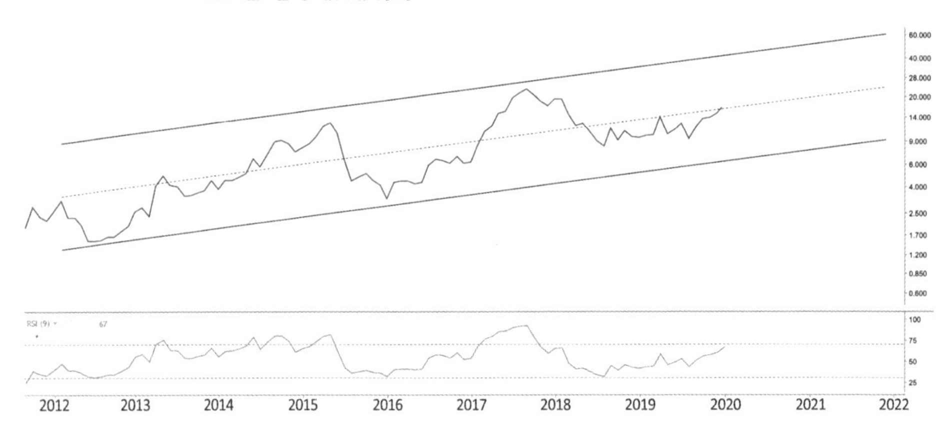

總結

比亞迪電子過去幾年純利不錯。2017 年每股盈利曾大幅上升 125%，2018 年有輕微回落。比亞迪電子的市盈率（截至 2020 年 1 月 17 日）為 15.72 倍，屬於合理。股東權益回報率持續幾年都在 10% 以上，相當不俗。隨着 2020 年開始，3D 玻璃及陶瓷手機殼的產量增加，公司的純利有望再增加。公司的財務狀況健康，持續有不錯的盈利。通道處於一個非常強勁的上升軌。比亞迪電子是 5G 股票裏面需重點留意股票之一。

爆升指數 4.5

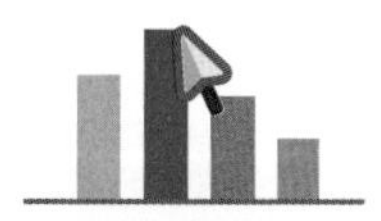

0315 數碼通

公司簡介

數碼通於 1996 年 10 月 31 日在香港聯交所主板上市，招股價為 HK$17.25。

數碼通是香港其中一間無線通訊服務供應商，以 SmarTone 品牌經營無線通訊服務。通過 4G 和 3G/HSPA+ 網絡提供話音、多媒體及寬頻服務。

加強新業務的發展 ICT

數碼通的新業務包括資訊及通訊科技 ICT、物聯網 IoT、人工智能 AI 及機器對機器 M2M，期望這些應用程式將來能夠用於客戶身上，從而增加此新項目的收入。

財務狀況較健康

2018 年，數碼通的總債項為 26.91 億元。比起香港寬頻（1310）、和記電訊（0215）、電訊盈科（0008）、香港電訊（6823）等，數碼通的長期負債第二低，而且如果以市盈率來計算，數碼通是以上 5 間公司裏面市盈率最低的一間，只有 10.96 倍（數據截至 2020 年 1 月 17 日）。

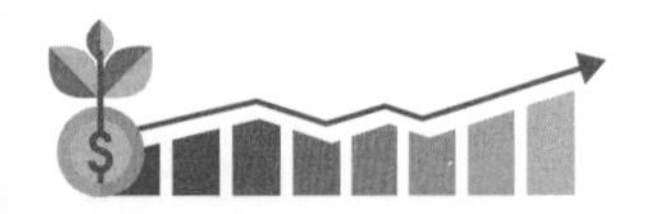

5G 發展機遇

數碼通是全港第一間發展 5G 技術的流動通訊商。早在 2017 年 1 月初，數碼通便宣布和愛立信成功進行香港首個 5G 技術展示。

數碼通於 2019 年 3 月已獲政府指派 28GHz 頻段，3.5GHz 頻段則在拍賣中以港幣二億五千二百萬元投得 3510 至 3560 兆赫頻段。數碼通預料最快 2020 年下半年可推出 5G 服務。

公司財務摘要

下面我們來看看數碼通的財務狀況。

數碼通 2016 - 2018 年的財務摘要

	2016/12	2017/12	2018/12
盈利 Net Profit（百萬）	797	672	615
每股盈利 EPS	0.7490	0.6170	0.5540
每股盈利增長 EPS Growth (%)	-16.03	-17.62	-10.21
市盈率	12.46	12.77	10.96*
股東權益回報率 ROE (%)	18.47	14.63	12.82
總營業額 Turnover（百萬）	18,356	8,715	9,988

資料來源：數碼通 2016 - 2018 年年報
* 數據截至 2020 年 1 月 17 日

基本分析

數碼通最近 3 年雖然有純利，但純利逐年輕微下跌，每股盈利增長更是 3 年都是負數，顯示公司面對很大的挑戰。但近年的股東權益回報率（ROE）均能保持在 12% 以上算是不錯。2020 年 1 月 17 日的市盈率為 10.96 倍，估值算便宜。

接下來我們來看看數碼通的股價走勢。

技術分析

Edwin Sir 通常用他獨特的「通道圖」來分析。

數碼通的股價在 2011 年 9 月達到最高位 HK$18.5 之後，開始處於一個下降軌，顯示股價每況愈下。現時守在中軸附近，此類處於下降軌的股票暫時少碰為宜。待 5G 正式上馬後再作考慮。如已持有此股票，也應該在下次股價到達通道頂部時，全部或部分減持。預期數碼通的股價在未來兩年會在大約 HK$1.15 至 HK$9.5 之間波動。

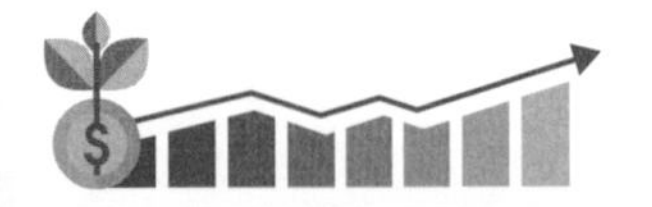

數碼通股價圖（數據截至 2020 年 1 月 17 日）

總結

數碼通雖然連續 3 年有純利，但是純利近年有輕微倒退。隨着 5G 的發展，期望它的純利和收入會有所增長。市盈率稍微偏貴。股東權益回報平均大約是 13%，算是不錯。基本分析來説算中等；另一方面，技術分析顯示，股價處於一個下降軌，股價有進一步下跌的危機。這種股票基本分析看起來沒有問題，但技術分析相對來説很差，與基本分析有很大反差，是一種不容易看得明白的股票，因此散戶少碰為妙。

公司簡介

通達集團於 2000 年 12 月 22 日在香港聯交所主板上市，招股價為 HK$1.00。

通達集團成立於 1978 年，是內地領先的消費電子產品外殼供貨商，已掌握塑料、金屬、玻璃及新材料技術。

公司業務主要涉及電器配件外殼（包括手機外殼、電器用品外殼、手提電腦外殼），為全球消費電子電器、IT、通訊整機產品提供高精密度零部件產品及服務。

公司於內地智能手機外殼市場份額約 22%，主要手機客戶如華為、小米、OPPO、華碩、酷派，vivo 等品牌年內重點發展金屬手機及其周邊配件。公司在華為中高端手機殼中市佔率達 30%，是華為的主要供貨商；同時亦為 OPPO 的主要手機外殼供貨商。預期公司手機金屬殼業務收入不斷上升。

蘋果供應商及防水部件發展

通達於 2016 年 8 月開始為蘋果公司（iPhone7/7 Plus）提供防水組件（Home 鍵），佔蘋果防水部件總訂單規模的 25% 左右。

通達集團 2016 年已經新建設廠房用於對蘋果防水部件供貨，公司在

防水精密零部件的佈局將佔據市場先機。預期通達集團在防水組件業務將呈現爆發式持續增長，因可穿戴智能設備、移動 PC、新能源汽車電路保護系統等方向都對防水設計有強需求。

5G 發展機遇

通達集團已就應用於 5G 主流大規模多輸入多輸出天線（Massive MIMO）完成基站天線單機應用的研發，使天線接收到的電磁信號更強；正研發可應用於 5G 的手機外殼射頻集成及汽車衛星導航定位天線。

為滿足未來無線充電及 5G 需求，雙曲面玻璃能進一步消除握持的割手感，同時具有比金屬機身優異的信號穿透性。5G 手機將大量採用雙玻璃 + 金屬中框的設計方案。

公司財務摘要

下面我們來看看通達的財務狀況。

通達集團 2016 - 2018 年的財務摘要

	2016/12	2017/12	2018/12
盈利 Net Profit（百萬）	1004	1006	543
每股盈利 EPS	0.175	0.1682	0.0876
每股盈利增長 EPS Growth (%)	38.89	-3.89	-47.92
市盈率	9.66	5.11	11.99*
股東權益回報率 ROE (%)	9.54	9.58	8.97
總營業額 Turnover（百萬）	88,449	94,572	106,176

資料來源：通達集團 2016 - 2018 年年報
* 數據截至 2020 年 1 月 17 日

基本分析

通達在 2018 年度純利大幅倒退接近一半，雖然總營業額輕微上升。股東權益回報率在 10% 以下，雖穩定但只屬於一般水平。因此，需要繼續觀察該公司後續的發展。

接下來我們來看看通達的股價走勢。

技術分析

Edwin Sir 通常用他獨特的「通道圖」來分析。

通達的股價從 2011 年開始逐步攀升，一直到 2017 年 5 月，創了歷史新高 HK$3.12。之後便一直回落，跑輸大市。雖然曾經在 2018 年 6 月反彈到 HK$2.09。但最後都跌到了 2018 年 12 月的低位 HK$0.72。2020 年 1 月的股價仍然在相對的低位徘徊。通達的通道圖持續了大概 8

年，相對可靠。如果在通道的底部買入，可以上望 HK$1.5 至 HK$2。預期通達的股價在未來兩年會在大約 HK$0.6 至 HK$3.3 之間波動。

通達集團股價圖（數據截至 2020 年 1 月 17 日）

總結

通達在 2018 年的業績比較差。期望 5G 發展之後公司的業務可以回到 2016、2017 的水平。2020 年 1 月 17 日的市盈率是 11.99 倍，尚算合理。公司 3 年平均的股東權益回報率在 9% 左右，只是普普通通。技術分析方面，處於一個輕微的上升軌，可再觀望。

0728 中國電信

公司簡介

中國電信於 2002 年 11 月 15 日在香港聯交所主板上市，招股價為 HK$1.47。

中國電信是中國三大電訊運營商之一，截至 2018 年底擁有移動用戶基數 3.03 億（佔中國 20% 的市場份額）。

中國電信初期是中國最大的有線業務運營商，自 2008 年從中國聯通收購了 CDMA 業務後，開始提供移動通訊服務。此後，中國電信通過服務綑綁擴展其移動用戶基數，交叉銷售其移動服務給有線業務與 IPTV（網絡電視）用戶。截至 2018 年底，中國電信還擁有 1.46 億有線寬頻用戶（市場份額 38%）。

持續贏得 4G 用戶市場份額

中國電信的 4G 用戶在 2017 和 2018 年分別增長了 49% 和 33%，使其 4G 市場份額（以用戶數計）從 2016 年 1 月的 14% 提升到 2018 年 12 月的 21%，持續從市場龍頭中國移動手中贏得份額。

2018 年下半年，中國電信持續保持着三大運營商中最高的 4G 用戶增長率。鑑於 4G 用戶有更高的 DOU 和 ARPU，不斷提升的 4G 服務貢獻率有助於中國電信提升其移動 ARPU。

積極發展智能應用生態圈

中國電信已形成智慧家庭、DICT、物聯網、互聯網金融構成的智能應用生態圈，四方面協同發展、融通互促。

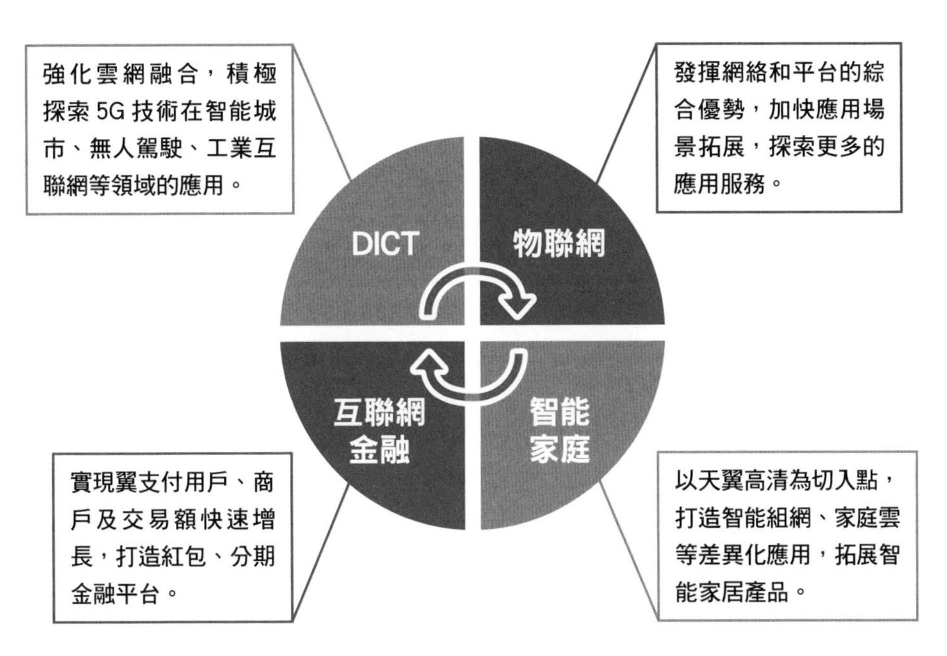

資料來源：中國電信 2018 年資料

5G 發展機遇

中國電信已經從工信部獲得了從 3.4GHz 開始的 100MHz 頻段，這是全球 5G 的主流頻段。這有利於中國電信的 5G 部署，主要因為：

1. 它可以接入 3.5GHz 更加成熟的 5G 設備供應鏈。

2. 與中國聯通的網絡合作可以節省潛在的資本支出，鑑於其二者的5G 頻譜相鄰。

2019 年 6 月 6 日，工信部向中國電信頒發了 5G 牌照。

2019 年 10 月 31 日，中國電信正式啟動 5G 商用，50 個城市首批開通 5G 網絡服務。中國電信新推出的 5G 套餐與原有套餐平滑銜接，5G 套餐起步價為 129 元，增加套餐內流量，同時優化套餐外流量價格，防止產生高額流量費。

面向政企客戶，中國電信充分發揮 5G 超大帶寬、超低延時特徵及邊緣計算等能力，發揮「5G+ 天翼雲 +AI」特色，提供工業互聯網、智慧城市、智慧醫療、智慧教育、交通物流、智慧能源等 5G 行業雲網解決方案。

公司財務摘要

下面我們來看看中國電信的財務狀況。

中國電信 2016 - 2018 年的財務摘要

	2016/12	2017/12	2018/12
盈利 Net Profit（百萬）	20,023	22,320	24,150
每股盈利 EPS	0.2445	0.2757	0.2960
每股盈利增長 EPS Growth (%)	-16.85	12.79	7.36
市盈率	13.78	15.67	10.81*
股東權益回報率 ROE (%)	5.71	5.71	6.18
總營業額 Turnover（百萬）	352,534	366,229	377,124

資料來源：中國電信 2016 - 2018 年年報
*數據截至 2020 年 1 月 17 日

基本分析

中國電信的純利及營業額在 2016 至 2018 年都有穩定增長，然而由於行業競爭激烈，股東權益回報率只有單位數字，不是特別理想。截至 2020 年 1 月 17 日的市盈率為 10.81 倍，不過不失。期望 5G 的發展可以為公司帶來新的盈利增長點。

接下來我們來看看中國電信的股價走勢。

技術分析

Edwin Sir 通常用他獨特的「通道圖」來分析。

從 2009 年開始，中國電信的通道圖持續了 10 年。過去來説這是一隻相對比較悶的股票，過去的高位 HK$6.17 和低位 HK$3.12 僅相差大約 HK$3，不到一倍。2018 年 3 月到了一個低位 HK$3.24，曾輕微跌穿通道圖的底部，之後逐步回升。截至 2020 年 1 月股價處於通道底部，尚算便宜。

預期中國電信的股價在未來兩年會在大約 HK$3 至 HK$6.8 之間波動，如果每次在通道底部投資大約會有 1 倍的升幅。

中國電信股價圖（數據截至 2020 年 1 月 17 日）

總結

中國電信業務相當平穩，盈利逐年輕微遞增。截至 2020 年 1 月 17 日市盈率 10.81 倍，不過不失。2018 年的股東權益回報率只有 6.18%，相當一般。技術分析方面，該股的通道非常平緩，或者說基本是橫行。暫時股價跌穿了通道，要待股價升穿通道底大約 HK$3.8 並站穩，才考慮是否投資。

0732 信利國際

公司簡介

信利國際於 1991 年 7 月 29 日在香港聯交所主板上市，招股價為 HK$1.02。

信利國際業務覆蓋廣泛，以顯示與影像為核心，同時提供顯示觸控模組、攝像模組、指紋識別模組等多項產品，逐步形成一體化優勢，客戶遍佈中國、日韓、歐洲等國家及地區。信利國際着力發展成更為迅速的車載及工控類顯示屏市場，同時發展 OLED、多攝像頭、3D sensing 等智能手機創新方向。

車載顯示屏龍頭之一

信利國際為中國大陸車載顯示屏龍頭之一，有豐富客戶資源，且顯示觸控一體化方案優勢明顯。全球車載 TFT-LCD 彩色屏出貨份額為 9%，位居第六。在良好海外客戶基礎之上加速拓展內地市場，承攬廣汽、上汽、長安、長城、眾泰等國產品牌項目。另外，信利國際的車載黑白屏出貨量位列全球第一，出貨份額超 30%。

積極發展柔性 OLED 業務

信利國際為全球少數突破高端柔性 OLED 技術的廠商之一，且從 PMOLED 到柔性 AMOLED 工藝覆蓋全面，自身發展側重於利潤率更為可觀的可穿戴設備領域。OLED 行業高成長確定性強，且 OLED 產能仍

供不應求，將對信利國際的業績帶來正面作用。

5G 發展機遇

5G 將令物聯網加速發展，IoT 為信利國際的佈局重點。據 BI Intelligence 預測，全球物聯網終端數量將由 2016 年的 66 億提升至 2020 年的 225 億台，複合增速達 36%。下游物聯網終端放量將直接帶動物聯網設備 LCD 顯示屏出貨快速增長。另外，可穿戴設備（如智能手表、運動手帶等）的 LCD 出貨量仍有望維持 15% 的複合增長。

公司財務摘要

下面我們來看看信利國際的財務狀況。

信利國際 2016 - 2018 年的財務摘要

	2016/12	2017/12	2018/12
盈利 Net Profit（百萬）	582	63	74
每股盈利 EPS	0.2002	0.0213	0.0236
每股盈利增長 EPS Growth (%)	-31.16	-89.36	10.80
市盈率	10.49	68.54	54.66*
股東權益回報率 ROE (%)	8.67	0.80	0.97
總營業額 Turnover（百萬）	22,072	20,733	19,762

資料來源：信利國際 2016 - 2018 年年報
* 數據截至 2020 年 1 月 17 日

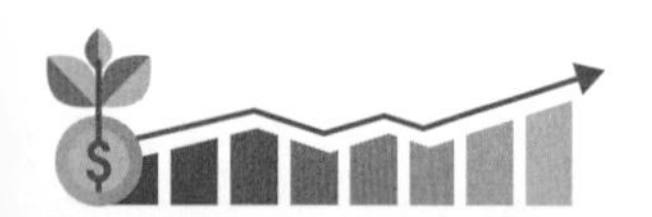

基本分析

接下來我們來看看信利國際的股價走勢。

信利國際的盈利從 2016 年的 5.82 億元大幅下降至 2018 年的 7400 萬元， 顯示公司的業務受到很大的挑戰。截至 2020 年 1 月 17 日的市盈率為 54.66，屬於相當高，股東權益回報低於 1%，屬於差的狀況。

技術分析

Edwin Sir 通常用他獨特的「通道圖」來分析。

信利國際的股價 2009 年開始形成一個橫行的通道，波幅比較大。高低波幅大概有 6 倍，從低位 HK$0.74 到高位 HK$5.97。曾經在 2012 年第 3 季開始上升，持續上升到 2014 年中，這是升幅最大的一段。之後持續下跌，直至 2018 年尾開始，持續在通道底部徘徊，目前又接近通道底部。現階段信利國際的股價尚可。預期信利國際的股價在未來兩年會在大約 HK$1 至 HK$5.5 之間波動。

信利國際股價圖（數據截至 2020 年 1 月 17 日）

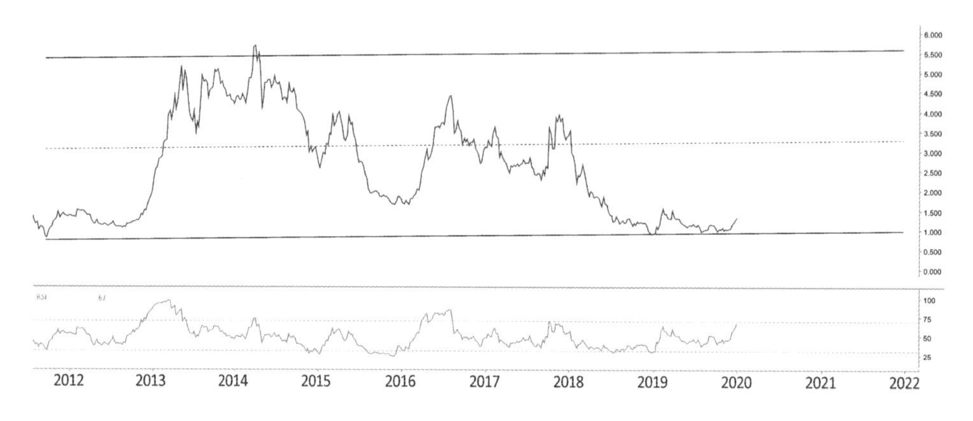

總結

近 3 年信利國際的業績比較失色，相對 2016 年是大幅倒退。所以截至 2020 年 1 月 17 日的市盈率 54.66 倍，是甚高的。目前並不是一個可以投資的狀況。而且，這兩年的股東權益回報率低於 1%，難以讓投資者接受。技術分析方面，信利國際的股價處於一個橫行的狀態，唯一可取之處是現時處於通道底部，潛在上升空間以倍數計。

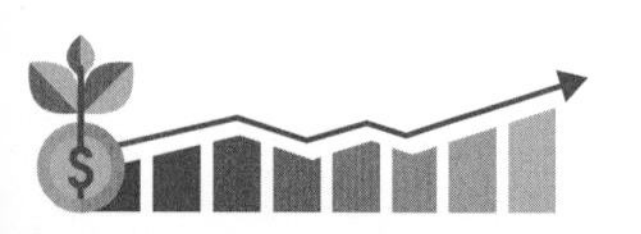

0762 中國聯通

公司簡介

中國聯通於 2000 年 6 月 22 日在香港聯交所主板上市，招股價為 HK$15.42。

中國聯通成立於 1994 年，屬中國內地三大運營商之一，面向全國提供全方位的電訊服務，主要經營移動網絡業務、固網業務、通訊設施服務業務、數據通訊業務、網絡接入業務及其他電訊增值業務。

中國聯通於 2000 年 6 月分別在美國紐約證券交易所和香港聯合交易所掛牌上市，2002 年 10 月中國聯通 A 股在上海成功上市，成為內地在香港、紐約和上海三地上市的唯一一家電訊運營公司。

2017 年，公司通過混改引入騰訊、百度、阿里巴巴、京東等互聯網公司，中國人壽、中車金證等金融產業集團，以及光啓、滴滴、網宿科技等垂直行業公司和一些產業基金，未來致力於加強零售體系、渠道觸電、內容聚合、雲計算、大數據、物聯網等合作領域，混改之後，戰略投資者總共持有中國聯通 35.2% 股份。

中國聯通近年積極培育重點領域創新業務，產業互聯網為公司發展創造新動能。公司產業互聯網包括 IDC、IT 服務、物聯網、雲計算、大數據等，組建了 12 個產業互聯網公司，打造區隔於傳統業務的創新體系。

雲計算方面，中國聯通的「沃雲」與阿里雲、騰訊雲、百度雲等深度合作，形成多雲融合，並在全國覆蓋了 335 個數據中心。

物聯網方面，中國聯通已在全國開通了 30 萬個 NB-IoT 基站，基本做到了主要城市和地區的全覆蓋。

大數據方面，引入互聯網基因與大量資本，開展大數據跨行業服務創新，在金融、政府、教育等重要行業搶佔了市場。

中國聯通產業互聯網業務收入和營收佔比均持續增長。2018 年其產業互聯網業務收入達到人民幣 230.1 億元，同比增長 44.63%。

資料來源：中國聯通 2018 年年報

5G 發展機遇

中國聯通 2019 年 4 月 23 日宣布開通 5G 網絡，正式拉開了大規模 5G 網絡建設的帷幕。中國聯通正式開啟「中國聯通 5G 先鋒計劃」，同時公布了華為 Mate 20 X 5G、中興天機 Axon 10 Pro 5G 等 6 款 5G 手機，以及多款 5G CPE 終端產品，另外，中國聯通表示還將與 9 家知名廠商和品牌商共建「5G 終端創新研發中心」，設計製造更多創新 5G 終端；與渠道商合作伙伴共建「5G 友好體驗中心」。

2019 年 4 月，中國聯通宣布在內地 7 座特大型城市開通 5G 試驗網，並已在上海建成 500 個 5G 基站。

2019 年 6 月 6 日，工信部向中國聯通頒發了 5G 牌照。

2019 年 10 月 31 日，中國聯通正式開通 5G 商用，首批開通城市包含北京、上海、廣州、深圳、杭州、南京、天津、武漢、濟南、鄭州等 50 個城市，採用開放默認登網的方式，用戶持 5G 手機即可登錄 5G 網絡，終端登網峰值速率可達 300Mbps。中國聯通的 5G 套餐分為人民幣 129 元、159 元、199 元、239 元、299 元、399 元和 599 元 7 個檔位，包含的流量從 30GB 至 300GB 不等。聯通 5G 套餐用戶還享有專屬會員權益，如 VR、4K 超清、AR、視頻彩鈴等 5G 視頻會員特權，沃閱讀、沃音樂等音樂 / 閱讀特權，優惠購折扣特權等。

公司財務摘要

下面我們來看看中國聯通的財務狀況。

中國聯通 2016 - 2018 年的財務摘要

	2016/12	2017/12	2018/12
盈利 Net Profit（百萬）	695	2192	11610
每股盈利 EPS	0.0333	0.0839	0.3757
每股盈利增長 EPS Growth (%)	-93.56	151.74	347.72
市盈率	286.16	117.37	19.06*
股東權益回報率 ROE (%)	0.27	0.60	3.25
總營業額 Turnover（百萬）	274,197	274,829	290,877

資料來源：中國聯通 2016 - 2018 年年報
* 數據截至 2020 年 1 月 17 日

基本分析

中國聯通的營業額在過去 3 年穩步增長，純利在 2018 年度更是大增近 5 倍，令人驚喜。然而，股東權益回報率 2018 年也只有 3.25%，比較低。

接下來我們來看看中國聯通的股價走勢。

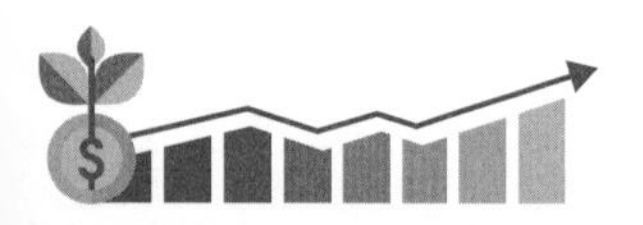

技術分析

Edwin Sir 通常用他獨特的「通道圖」來分析。

中國聯通的股價基本上是很悶。通道圖顯示是一個橫行的股票，沒有明顯的上升和下降。高低波幅大約只有一倍，大約從 HK$7.70 到 HK$17.68。所以如果買入這隻股票要等很長時間才會升一倍。該股未必是一隻會爆升的股票。相對其業務，股價比較平穩，因此爆升能力比較一般。預期中國聯通的股價在未來兩年會在大約 HK$8 至 HK$16.5 之間波動。

中國聯通股價圖（數據截至 2020 年 1 月 17 日）

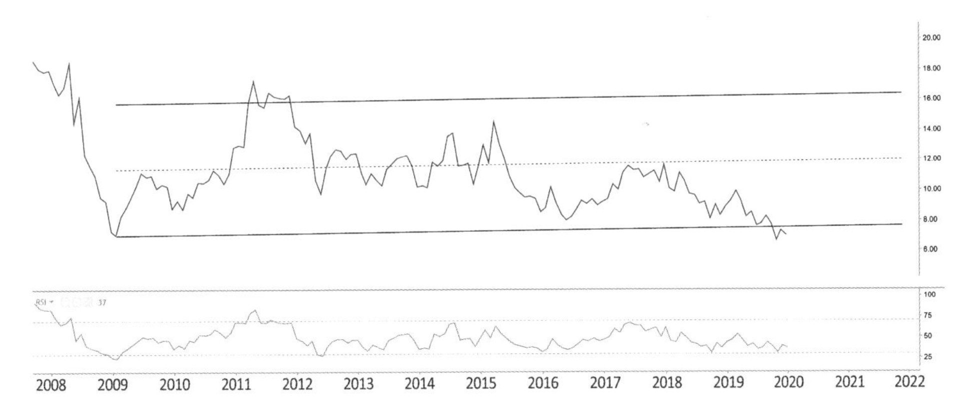

總結

中國聯通的業績平穩增長，但 2018 年的股東權益回報率只有 3%，仍然是非常低。市盈率為 19.06 倍（截至 2020 年 1 月 17 日），以一隻公用股來看，屬於偏高。中國聯通的通道一直處於橫行的階段，幸好該股票的頂部和底部相差有 HK$8。如果在通道底部買入，要非常耐心地長線持有。中國聯通的股價如果能從通道的底部上升到中軸或者頂部，會有不錯的回報。

爆升指數 2.5

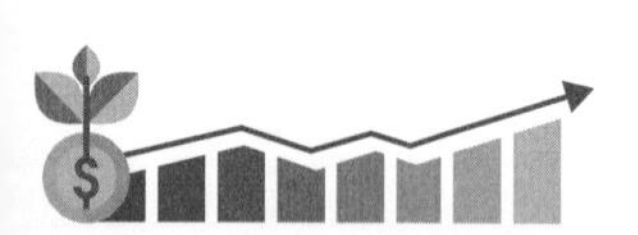

公司簡介

中國移動於 1997 年 10 月 23 日在香港聯交所主板掛牌上市，招股價為 HK$11.68。

中國移動是全球最大的電訊運營商，2018 年底擁有移動用戶基數 9.25 億（佔中國 60% 的市場份額），並自 2014 年以來每年增長 3% 至 5%。

中國移動在全國範圍內提供移動通訊服務，在內地三大運營商中擁有最高的 ARPU。公司在 2015 年完成收購中國鐵通的資產後開始提供有線寬頻服務，並因其全國範圍的覆蓋率和激進的定價策略，成為了中國最大的有線寬頻服務提供商。

截至 2018 年底，中國移動的 4G 基站數已達 241 萬個，多於中國電信和中國聯通加起來的基站數目。行政村網絡覆蓋率超過 97.8%。

中國移動自主研發建設工業互聯網基礎平台，同時規劃建設製造雲、能源雲、電器雲、動力雲，「1+4」產品體系佈局已初步形成。

中國移動的「1+4」產品體系

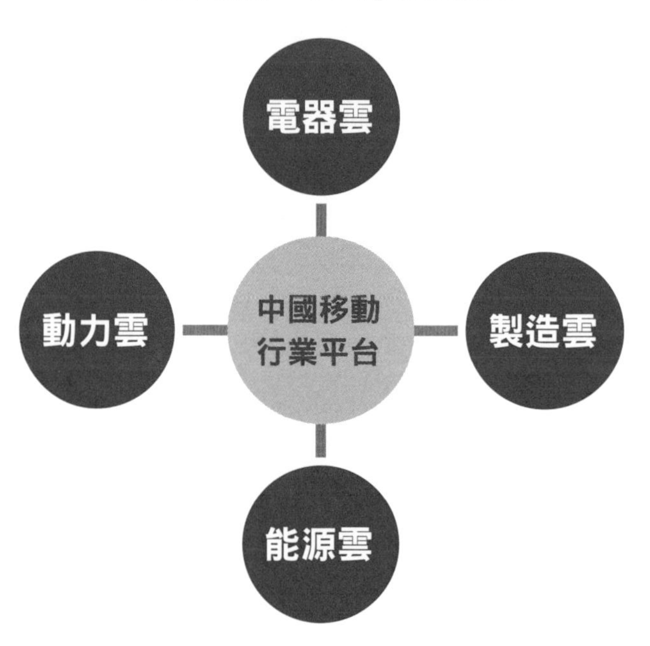

在個人新業務市場，中國移動創新產品經營，深化「大連接」戰略，物聯網智能連接數淨增 3.22 億，規模達到 5.51 億，部分省市已實現物與物的連接數超過人與人的連接數。手機支付業務「和包」交易額超過 2.5 萬億元。在家庭新業務市場，家庭寬頻客戶 2018 年淨增長 3742 萬人次，市場份額達到 41.5%；「魔百盒」（網絡電視機頂盒）用戶量達到 9681 萬人次，滲透率達到 65.9%。

5G 發展機遇

中國移動於 2017 年 6 月測試了 5G 基站，截至 2019 年底已經部署了 1000 個 5G 基站，之後在 2020 年商業運營。中國工信部在 2018 年 12 月發布了 5G 頻譜分配情況，中國移動獲得了兩個頻段：2515-2675MHz 的 160MHz 和 4800-4900MHz 的 100MHz。中國移動可以從 2.6GHz 頻段節省 20% 至 30% 的資本支出，並且從其額外的 4.8GHz 頻段獲得更大的靈活性。

中國移動目標在 5G 時代保持其行業龍頭地位，並計劃開展 5G 試服務，5G 基站初步預期建設 3 至 5 萬個，2020 年實現 5G 商用服務。預計 5G 的投資周期會在 2019 至 2025 年逐步展開。

2019 年 6 月 6 日，工信部向中國移動頒發了 5G 牌照。2019 年 10 月 31 日的「5G 商用發布會」，宣告中國 5G 正式進入商用階段。中國移動已率先在 50 個城市開通了 5G，其 5G 套餐命名為「智享套餐」，分個人版和家庭版。其中個人版套餐從人民幣 128 元到 598 元，家庭版則從 169 元到 869 元。

圍繞 5G 正式商用，中國移動聚焦多達 50 個場景，打造了全場景沉浸式五新業務體驗。一是聚焦數字文化、體育、演藝等領域，提供了 5G 超高清視頻、真 4K 直播和 VR 業務。二是推出了具有「超高清、實時互動、多屏展示」的視頻彩鈴產品。三是提供「超高清、無延時、雲端運行、即點即玩」的雲遊戲服務。四是圍繞 5G 網絡特性，打造更貼近年輕人興趣和需求的互動短視頻即拍即玩產品。同時，還推出了 5G 雲盤、雲手機、新消息，給予客戶全新體驗。

公司財務摘要

下面我們來看看中國移動的財務狀況。

中國移動 2016 - 2018 年的財務摘要

	2016/12	2017/12	2018/12
盈利 Net Profit（百萬）	120,838	137,009	134,105
每股盈利 EPS	5.9007	6.6899	6.5470
每股盈利增長 EPS Growth (%)	-5.34	13.37	-2.14
市盈率	12.25	13.04	10.11*
股東權益回報率 ROE (%)	11.11	11.59	11.19
總營業額 Turnover（百萬）	708,421	740,514	736,819

資料來源：中國移動 2016 - 2018 年年報
* 數據截至 2020 年 1 月 17 日

基本分析

中國移動的盈利及營業額在過去 3 年均有穩步增長，但每股盈利增長在 2016 及 2018 年均出現倒退，不是很理想。市盈率截至 2020 年 1 月 17 日，為 10.11 倍，不過不失。股東權益回報率 3 年都在 11% 以上，算是不錯。希望該股在 5G 發展的帶動之下，純利可以更上一層樓。

接下來我們來看看中國移動的股價走勢。

技術分析

Edwin Sir 通常用他獨特的「通道圖」來分析。

中國移動的股價通道圖比較平穩，從 2014 年開始都是橫行。從 HK$63 到 HK$118 之間波動。自從港股大時代 2015 年 4 月創了新高 HK$118 之後，股價拾級而下。大市從 2016 年 2 月開始反彈，到 2018 年 1 月恆生指數創歷史新高 33,484 點，它都沒有跟隨，明顯跑輸大市。截至 2020 年 1 月股價在通道底部，而 RSI 有底背馳現象。預期中國移動的股價在未來兩年會在大約 HK$60 至 HK$122 之間波動。

中國移動股價圖（數據截至 2020 年 1 月 17 日）

總結

中國移動長期維持一個穩定而強勁的利潤。截至 2020 年 1 月 17 日，市盈率是 10.11 倍，不過不失。股東權益回報率也算是相當不錯。股價處於一個橫行的階段，現價處於通道底部，是一個不錯的價錢。

爆升指數 2.5

1415 高偉電子

公司簡介

2015 年 3 月 31 日，在香港聯交所主板掛牌上市，招股價為 HK$4.25。

高偉電子是移動設備的相機模塊供貨商，主要從事設計、開發、製造及銷售各類相機模塊，為全球第六大相機模組供貨商。

高偉電子 99% 的營收來自攝像頭模組，最大客戶及前五大客戶佔公司營收的 85.3% 和 99.6%，客戶高度集中。目前高偉電子是蘋果前置攝像頭模組的核心供應商。光學部件的主要客戶包括三星電子、LG 電子和日立。

攝像頭模組（Compact camera module, CCM），是影像捕捉的核心電子器件。CCM 主要由鏡頭（Lens）、音圈馬達（Voice Coil Motor）、感光晶片（包括圖像傳感器和圖像處理晶片 DSP）、柔性電路（FPC）板等部件組成。

5G 發展機遇

隨着各大品牌 5G 新智能手機的推出，高偉電子可望從中受惠。

公司財務摘要

下面我們來看看高偉電子的財務狀況。

高偉電子 2016 - 2018 年的財務摘要

	2016/12	2017/12	2018/12
盈利 Net Profit（百萬）	221	216	109
每股盈利 EPS	0.2636	0.2579	0.1332
每股盈利增長 EPS Growth (%)	-54.65	-2.19	-48.35
股東權益回報率 ROE (%)	9.58	8.28	4.26
總營業額 Turnover（百萬）	914	740	535

資料來源：高偉電子 2016 - 2018 年年報

基本分析

高偉電子的純利及營業額在 2016 至 2018 年不斷下降，顯示公司經營遇到非常大的挑戰。股東權益回報率長期只有單位數，不理想。

接下來我們來看看高偉電子的股價走勢。

技術分析

Edwin Sir 通常用他獨特的「通道圖」來分析。

高偉電子的股價走勢不理想。股票的通道圖只是 2016 至 2019 年，穩定性和可靠性算是次一等，不算很堅實。我們可以看到股價是在走一個向下的通道。通常在下降軌的股票我們都不會選擇，因為頂和底會不

斷下移，不適合長期持有。該股 2018 年底才真正見底反彈，到現在已經反彈了差不多一倍。即使是這樣，在下降通道的股票都不宜長期持有。

高偉電子股價圖（數據截至 2020 年 1 月 17 日）

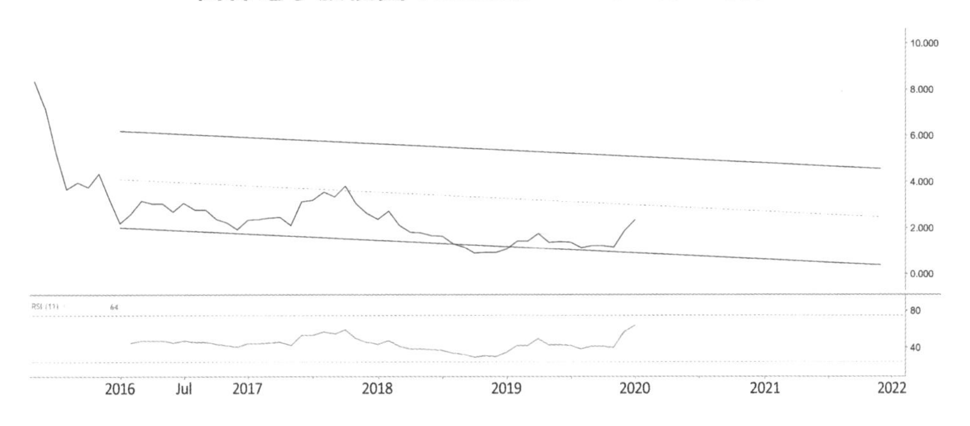

總結

高偉電子盈利狀況平平，2018 年純利倒退，股東權益回報率低於 5%，不理想。技術分析方面，2020 年 1 月高偉電子的股價處於下軸。我們認為，處於下降軌的股票不宜長期持有。期待 2020 年 5G 手機大規模上市之後，股價才有可能有較大轉機。

丘鈦科技

公司簡介

丘鈦科技於 2014 年 12 月 2 日在香港聯交所主板上市，招股價為 HK$2.19。

丘鈦科技是一家攝像頭模塊及指紋識別模塊製造商，專注用於智能手機、平板及個人電腦使用的中高端攝像頭模組和指紋識別模組市場。

丘鈦科技的前五大客戶為 vivo、華為、OPPO、小米及以諾。

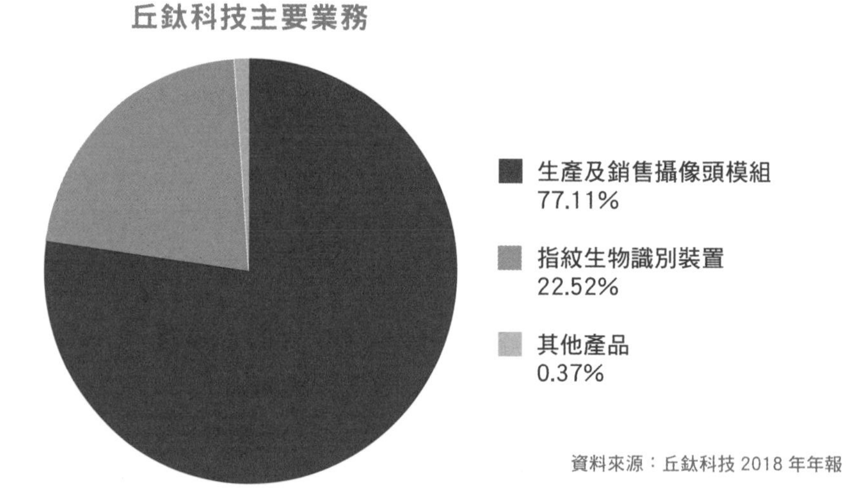

資料來源：丘鈦科技 2018 年年報

丘鈦科技為內地第 3 大模組公司，將受益於手機行業的三攝像頭滲透率提升，相機像素升級至 4800 萬以上，以及未來潛望式攝像頭逐步使用等利好因素。此外，丘鈦科技亦受益於屏下指紋技術在手機上的普及。

5G 發展機遇

隨着 5G 的全面商用，將帶來一波 5G 手機換機潮，預料將對丘鈦科技的生意產生正面影響。

公司財務摘要

下面我們來看看丘鈦科技的財務狀況。

丘鈦科技 2017 - 2019 年的財務摘要

	2017/12	2018/12	2019/12
盈利 Net Profit（百萬）	523	16	606
每股盈利 EPS	0.4772	0.0148	0.5319
每股盈利增長 EPS Growth (%)	133.37	-96.9	3568.9
市盈率	23.31	768.28	20.94*
股東權益回報率 ROE (%)	20.33	0.68	18.92
總營業額 Turnover（百萬）	7,939	8,135	13,169

資料來源：丘鈦科技 2017 - 2019 年年報
* 數據截至 2020 年 3 月 11 日

基本分析

丘鈦科技 2018 年純利大幅倒退，令人擔憂，雖然公司營業額不斷增加，但每股盈利在 2018 年也明顯下降達 97%，顯示丘鈦科技的經營遇到很大挑戰。所幸 2019 年丘鈦科技的生意重拾正軌，比 2017 年的盈利略有增長，總營業額更是大幅提升。將來幾年的 5G 換機潮，有機會為公司帶來一番新的景象。

接下來我們來看看丘鈦科技的股價走勢。

技術分析

Edwin Sir 通常用他獨特的「通道圖」來分析。

丘鈦科技從 2016 年開始走這個通道，該股比較新，不算很穩固。從港股大時代大跌之後的低位，拾級而上。曾經在 2017 年 8 月上到高位 HK$23.20。如果從 2016 年 1 月的 HK$0.96 的位置算起，竟然升了 24 倍。該股在 2017 年中已經到了歷史高位，之後它比恆生指數更早一步回落，一直跌到 2019 年初才開始回升。從 2018 年 10 月的 HK$3.58 反彈到 2019 年 4 月的 HK$11.56，短短半年上升了 3.2 倍，但它挑戰中軸失敗後回落。之後跌到通道底部後大力反彈，已接近中軸。如果沒有把握這次機會，讀者需耐心等待下次機會了。這隻股票大部分時間都不動，但是一動起來，它的起伏可以很急速。如果投資者不能接受股票波動幅度比較大，那就要小心考慮是否投資這一隻股票了。

總結

丘鈦科技近兩年的業績大上大落，2018 年業績大幅回落後，2019 年恢復正常。股東權益回報率在 2017 和 2019 年超過 18%，非常不錯，但是 2018 年的股東權益回報率只剩下約 1%，非常糟糕。丘鈦科技 2019 年的生意已重回到正常軌道，期望 5G 的發展能為公司業務帶來新的增長動力。

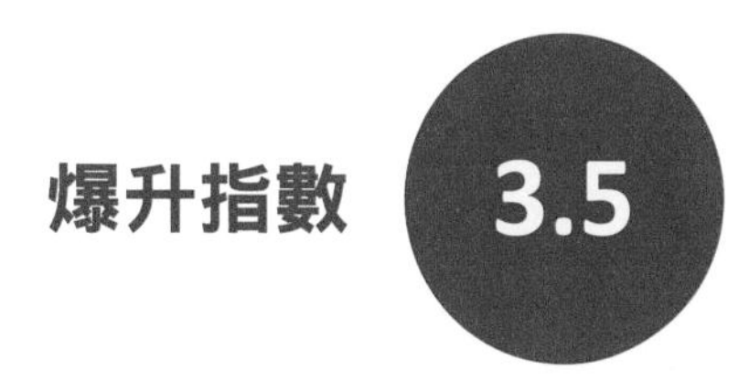

1810 小米集團

公司簡介

小米集團於 2018 年 7 月 9 日在香港聯交所主板上市，招股價為 HK$17.00。

小米集團於 2010 年成立，以互聯網服務為起點率先發布 MIUI 系統及米聊 App。2011 年基於 MIUI 系統優勢發布首款小米手機，正式進軍智能手機市場。2013 年推出紅米系列，推動公司整體手機出貨迅速上量，至 2019 年全球手機出貨份額排第五位，佔比 8.3%。

小米已成為全球最大的消費級 IoT 平台，並面向第三方硬件商開放自身 IoT 開發者平台，IoT 生態圈初具雛形。小米於 2012 年開始着手佈局消費級 IoT 領域，前期以自主研發產品為主，率先發布小米盒子。2013 年發布小米電視及小米路由器。隨後通過投資生態鏈陸續推出空氣淨化器、淨水器、電飯煲等智能家居產品。

小米基於硬件、新零售及互聯網服務相互協作的「鐵人三項」商業模式，結合新零售渠道銷售具備高性價比優勢的智能手機及 IoT 硬件，以硬件為工具，將用戶引流至 MIUI 操作系統及 IoT 平台，通過提供軟件及內容服務穩步推進互聯網變現。

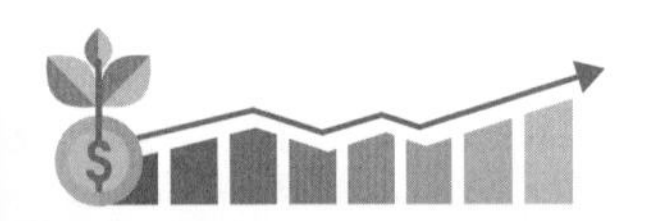

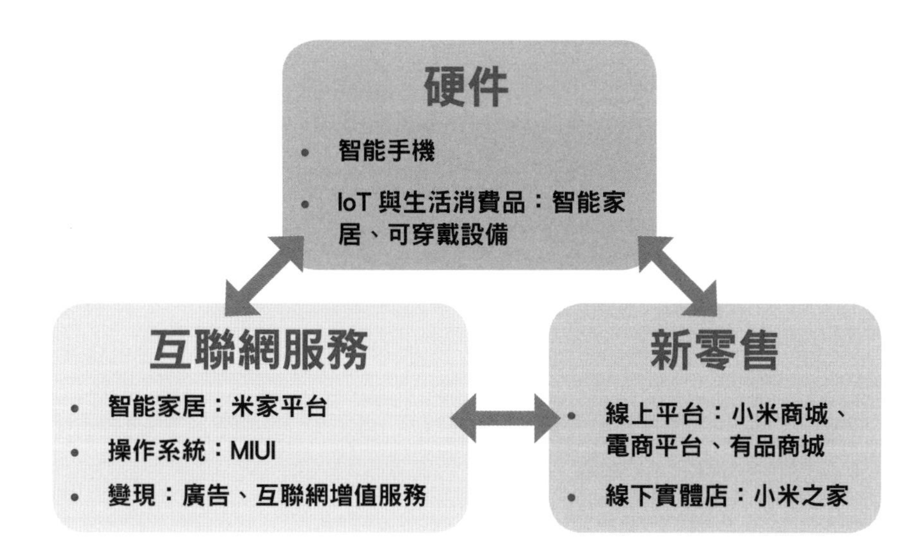

小米的核心智能手機業務中低端市場地位穩固，並逐步拓展中高端產品線。小米通過自主研發及生態鏈投資迅速佔領下一個消費電子爆發點——IoT 市場，打開中長期成長空間。IoT 硬件銷售額高速成長，且未來 IoT 平台巨大變現價值仍等待釋放。

5G 發展機遇

正如我們在前面提到，5G 其中一個發展重點是萬物聯網（IoT）。

小米基於大量的用戶基礎，硬件終端數量佔據全球第一，超越亞馬遜、蘋果、谷歌、三星。截至 2018 年 H1 全球 IoT 終端數量 64 億台，預測 2022 年將達 153 億台，年增長率達 54.6%。小米 IoT 平台已接入約 900 種智能硬件，連接用戶約 1.15 億名（不包含手機筆記本），日活躍

設備超 1000 萬台。美國計算機技術工業協會（CompTIA）預測全球物聯網市場將呈現快速增長趨勢，設備數量在 2020 年將達到 501 億台，相當於人均擁有物聯網設備將達到 6.8 台，據此來看，市場空間巨大。

小米生態鏈企業以手機為核心，由近及遠可分為手機周邊、智能設備、日常生活消費品三類。

第一類為手機周邊：如耳機、音箱、移動電源等。

第二類為智能硬件：如空氣淨化器、淨水器、電飯煲等傳統智能化白電，以及無人機、平衡車、機器人等互融類智能玩具。

第三類為日常生活消費品：如電動牙刷、兒童玩具、智能血壓計、藍牙體溫計等。

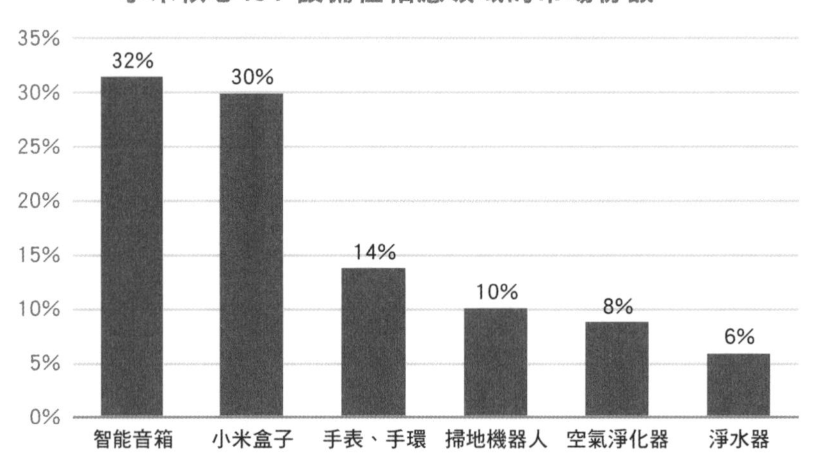

資料來源：GfK、IDC

公司財務摘要

下面我們來看看小米的財務狀況。

小米 2016 - 2018 年的財務摘要

	2016/12	2017/12	2018/12
盈利 Net Profit（百萬）	615	-52,543	15,432
每股盈利 EPS	0.0633	-5.3843	0.9598
每股盈利增長 EPS Growth (%)	-106.88	-8600.40	117.83
市盈率	/	/	13.78*
股東權益回報率 ROE (%)	/	34.43	19.00
總營業額 Turnover（百萬）	68,434	114,624	174,915

資料來源：小米集團 2016 - 2018 年年報
* 數據截至 2020 年 1 月 17 日

基本分析

小米集團是新上市的公司，2018 年比之前兩年有改善，純利和總營業額都有所增加。但由於上市時間尚短，宜再觀察未來的經營狀況。

接下來我們來看看小米集團的股價走勢。

技術分析

Edwin Sir 通常用他獨特的「通道圖」來分析。

由於小米集團上市不是很久，通道圖從 2018 年才開始，時間比較短，參考價值一般。技術分析來看，股價處於一個平緩的通道，目前可以放入觀察名單。

小米集團股價圖（數據截至 2020 年 1 月 17 日）

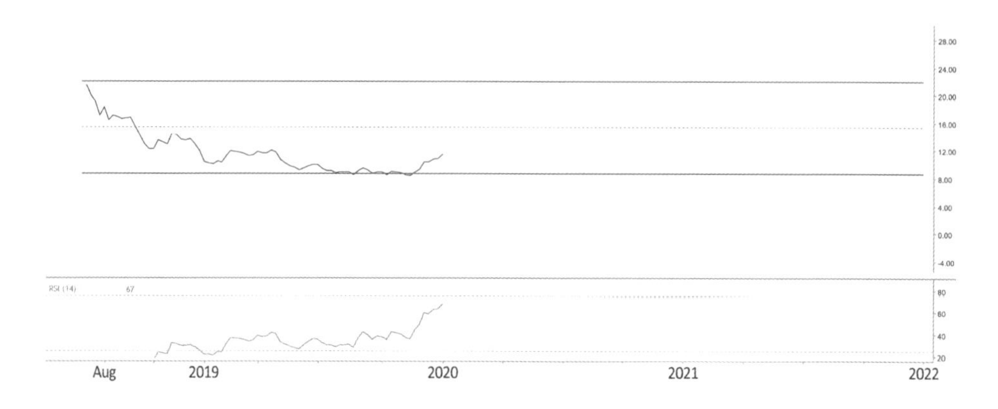

總結

小米集團在 2017 年出現重大虧損，2018 年恢復正常，有不錯的純利。股東權益回報率 2018 年有 19%，尚算可以。由於小米是新上市，通道可靠性不足，如果已經持有，股價可以上望中軸。如果暫時沒持有，可以耐心觀察再做決定。

中信國際電訊

公司簡介

中信國際電訊於 2007 年 4 月 3 日在香港聯交所主板上市，招股價為 HK$2.58。

中信國際電訊是一間國際電訊運營商及綜合信息服務供貨商，擁有並營運電訊樞紐，主攻中港電訊市場。中信國際電訊的主要業務包括話音業務、短信業務、移動增值業務及數據業務。此外，公司持有澳門電訊 99% 權益，澳門電訊是澳門唯一提供全面電訊服務的供應商。

「一帶一路」及「粵港澳大灣區」等國家戰略帶來新的發展機遇

中信國際電訊從事跨境電訊業務，能廣泛應用互聯網大數據、雲計算、人工智能、物聯網、5G 等技術，為業務提供契機。中信國際電訊透過收購 Acclivis 和 CPC 歐洲，為發展東南亞、歐亞市場的 ICT 服務帶來新優勢，依託「一帶一路」及「粵港澳大灣區」等國家戰略，在產品組合、服務水準及地域覆蓋上擴大優勢，可為客戶提供一站式、跨區域、端到端綜合企業 ICT 服務。

雖然規模上不如其他電訊服務商，但中信國際電訊在營收和淨利潤增速方面均超越包括香港電訊和電訊盈科在內的其他香港電訊服務商。業績表現之所以能領跑業內同行，除了硬件設備業務帶來的增收外，與國際業務拓展成效也有很大關係。

一站式 ICT 服務是 5G 產業的基石

近年，中信國際電訊不斷向雲計算、資訊安全、管理服務、行業解決方案等一站式 ICT 服務拓展。透過遍佈全球的 140 多個 PoP 點，為超過 3000 家跨國企業提供網絡連接、雲服務和多種解決方案，並在大中華區、亞太、北美及歐洲超過 4,0000 家中小企業提供網絡連接、數據中心、雲計算等服務。

在雲服務方面，中信國際電訊已建立起全球範圍內的雲數據中心。截至 2018 年底，中信國際電訊的雲數據中心 18 座，主要佈局在大灣區一線城市，還將繼續擴建。

5G 發展機遇

中信國際電訊旗下澳門電訊在 2018 年率先啓動 5G 移動網絡技術測試，並與政府相關部門商談了有關 5G 頻譜安排，期望有條件於 2020 年提供商用服務。由此看來，中信國際電訊的 5G 發展並未落後於包括中國內地三大運營商在內的電訊服務商，雖然離大規模商用還有點距離，5G 也暫時不是重點，但是雲、光纖網絡和數據中心等的技術和佈局已日益壯大，為 5G 打下了堅實的基礎。

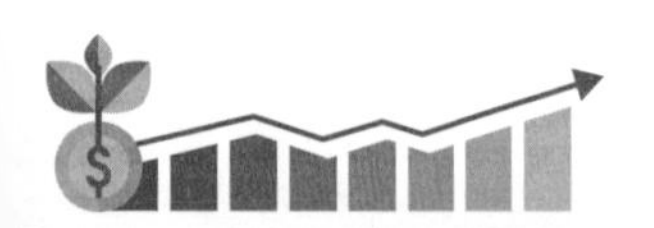

公司財務摘要

下面我們來看看中信國際電訊的財務狀況。

中信國際電訊 2016 - 2018 年的財務摘要

	2016/12	2017/12	2018/12
盈利 Net Profit（百萬）	850	881	951
每股盈利 EPS	0.249	0.249	0.267
每股盈利增長 EPS Growth (%)	4.62	0	7.23
市盈率	9.28	11.33	10.75*
股東權益回報率 ROE (%)	10.80	10.50	11.16
總營業額 Turnover（百萬）	7,689	7,504	9,483

資料來源：中信國際電訊公司 2016-2018 年年報
* 數據截至 2020 年 1 月 17 日

基本分析

中信國際電訊的營業額及純利逐年穩步增長，2020 年 1 月 17 日的市盈率在 10.75 倍，屬於合理範圍。股東權益回報率 3 年均維持 10% 以上，尚算不錯。期望 5G 在澳門開通以後，可以為公司業績帶來新的增長動力。

接下來我們來看看中信國際電訊的股價走勢。

技術分析

Edwin Sir 通常用他獨特的「通道圖」來分析。

中信國際電訊的股價通道圖是從 2011 年開始至今 8 年多。這一隻股票的動力不錯，2013 年到 2015 年都在中軸徘徊。隨着港股大時代，股價在 2015 年 6 月創了歷史高位 HK$4.42。之後大市回落，該股股價也跟着下跌。但是 2017 年恆牛指數回升的時候，該股沒有緊隨，和恆生指數有一定的背馳。到了 2018 年大市大幅下跌，它也沒有跟隨。可以看到每次股價去到通道底部都有支持，有 3 次跌到通道底部都沒有跌穿。2018 年 7 月，股價碰到通道底部以後，大力反彈到中軸。該股比較大的支持位是在 HK$2.80 左右。如果在通道底部買入，這一隻股票值得中線至長線持有。預期中信國際電訊的股價在未來兩年會在大約 HK$2.6 至 HK$5.5 之間波動。

中信國際電訊股價圖（數據截至 2020 年 1 月 17 日）

總結

中信國際電訊的純利穩定，還有輕微的增長。股東權益回報率長期維持 10% 以上，算是不錯。2020 年 1 月 17 日的市盈率在 10.75 倍，屬於合理範圍。技術分析方面，通道圖有 8 年時間，比較可靠。該股處於在一個上升軌，目前的股價尚算便宜，如能在通道底部買入則更佳。

爆升指數 3.5

2000 晨訊科技

公司簡介

晨訊科技於 2005 年 6 月 30 日在香港聯交所主板上市，招股價為 HK$1.70。

晨訊科技是內地領先的移動通訊和物聯網企業，主要向全球客戶提供手機和各種移動終端的 ODM 服務；同時，也是無線通訊模塊以及物聯網解決方案主要提供商。根據 ABI 調查報告顯示，該公司的物聯網無線通訊模塊產品市場份額已佔據內地第一，世界第二，客戶遍佈全球 130 多個國家和地區。

晨訊科技的物聯網無線通訊模塊 SIMCom 品牌的市場份額已多年佔據內地第一，世界第二。另外，晨訊科技正加速開拓北斗定位、物聯網智慧小區業務。2008 年，被全球著名的波士頓諮詢公司評選為「全球新興市場 50 強企業」。

晨訊科技旗下希姆通信息技術（上海）有限公司連續 13 年被評為國家重點佈局軟件企業，掌握了各類移動終端的核心技術。

晨訊科技大力發展機器人智能製造技術，並引入了國際知名的視覺和人工智能專家，開發自有知識產權核心技術。晨訊智能製造工廠已成為國家工信部全國 63 家中國製造 2025 試點示範單位之一。

5G 發展機遇

物聯網是 5G 最重要的應用之一，晨訊科技的物聯網無線通訊模塊 SIMCom 品牌的市場份額已多年佔據內地第一，世界第二（根據 ABI 調查報告），客戶遍佈全球 130 多個國家和地區。毫無疑問，在 5G 時代公司的業績將大大受惠。

公司財務摘要

下面我們來看看晨訊科技的財務狀況。

晨訊科技 2016 - 2018 年的財務摘要

	2016/12	2017/12	2018/12
盈利 Net Profit（百萬）	77	112	238
每股盈利 EPS	0.0302	0.0436	0.0933
每股盈利增長 EPS Growth (%)	19.37	44.37	113.99
市盈率	12.91	7.91	3.05*
股東權益回報率 ROE (%)	3.81	5.26	11.02
總營業額 Turnover（百萬）	2,724	3,259	2,312

資料來源：晨訊科技公司 2016 - 2018 年年報
* 數據截至 2020 年 1 月 17 日

基本分析

晨訊科技的純利 2018 年大幅上升超過一倍，每股盈利增長率更是達到 113.99%，非常厲害。而且 2020 年 1 月 17 日的市盈率只有 3.05 倍，估值便宜。這隻股票值得大家留意。

接下來我們來看看晨訊科技的股價走勢。

技術分析

Edwin Sir 通常用他獨特的「通道圖」來分析。

晨訊科技的通道圖從 2012 年開始到 2019 年，有 7 年時間相對穩定。這隻股票大部分時間都在橫行，沒有明顯的向上升的趨勢。曾經在 2015 年 5 月港股大時代，見過 HK$0.78 的高位。在通道底部大約是 HK$0.28。2019 年曾經跌穿通道的底部，而 2020 年 1 月股價已經重新升穿底部，看來通道底有不錯的支持，現價可以小注買入，看看能否升到中軸大約 HK$1.2。

晨訊科技股價圖（數據截至 2020 年 1 月 17 日）

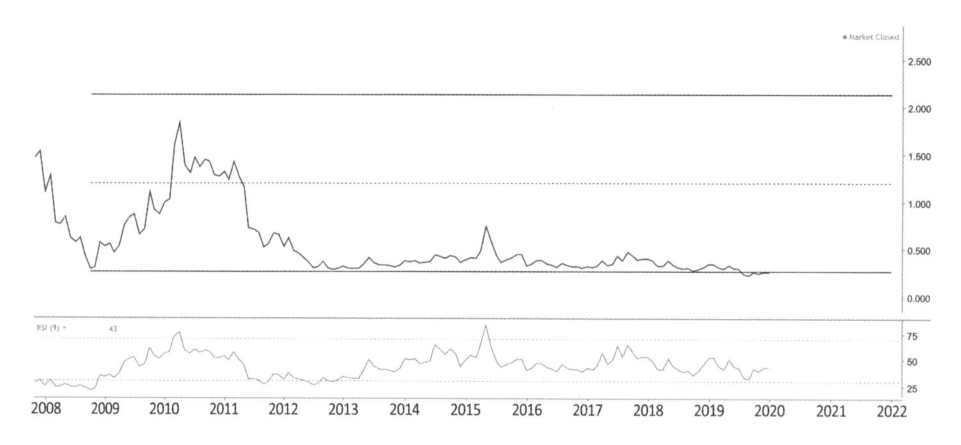

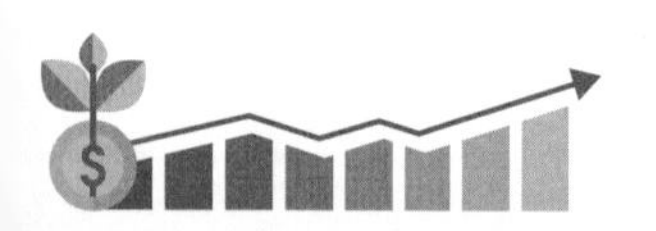

總結

晨訊科技的業務增長強勁，十分不錯。上文提及 2020 年 1 月 17 日的市盈率只有 3.05 倍，非常便宜。股東權益回報率以往只有單位數字，後大幅提升到 11%，令人驚喜。近 7 年該股處於一個橫行的軌道。2020 年 1 月的股價在通道底部附近，可小注嘗試買入，期望可以升到中軸。

爆升指數 3.5

公司簡介

瑞聲科技於 2005 年 8 月 9 日在香港聯交所主板上市，招股價為 HK$2.73。

瑞聲科技成立於 1993 年，為全球最大的智能手機聲學組件供應商，全球市場份額約為 40%。同時，瑞聲科技大力發展觸控馬達和射頻組件業務，並於 2017 年進軍光學組件市場，預計未來該業務將成為重要的收入增長點。

瑞聲科技客戶包括蘋果、三星和華為等全球電子產品巨頭。

瑞聲科技以聲學組件起家。1998 年公司成為摩托羅拉最大的手機類訊響器供應商，2005 年成為索尼愛立信的供應商，並開始向諾基亞、西門子和高通供貨。2008 年瑞聲科技獲 HTC 和谷歌的供貨商資格，2010 年成為蘋果供應商，約佔蘋果聲學組件需求量的一半。2011 年瑞聲科技開始向三星供貨。

瑞聲科技於 2016 年 9 月 5 日獲納入恆生指數成分股，晉升為藍籌股。

聲學器件是瑞聲科技的基石，量價方面仍將繼續成長

瑞聲科技在國產安卓陣營和三星手機中的滲透率持續提高，將繼續推動聲學產品業績。

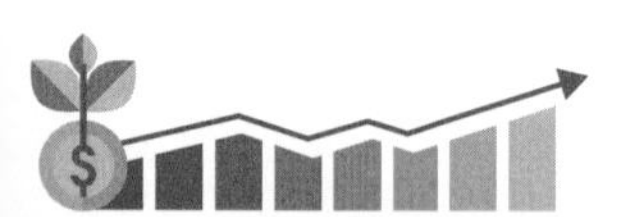

線性馬達方面，抓穩蘋果，向國產機滲透

瑞聲科技在馬達部分營收主要來源於蘋果 Taptic Engine，線性馬達自 iPhone 和 Apple Watch 系列於 2014 年使用以來成為標配。瑞聲科技成為蘋果三大供應商之一，供貨份額穩定。Android 陣營中，線性馬達也逐步替代傳統轉子馬達。

光學是瑞聲科技近期業績增長的關鍵點

3D 成像的應用為攝像頭開闢新的增量空間。瑞聲科技的混合鏡頭既可以用在前後攝像頭上，提供更高的光學性能和更薄的體積，也可以用在 3D 成像發射端準直鏡頭。瑞聲科技從 2017Q3 開始，持續加碼光學業務，預計將來光學合計佔總營收比例會不斷增加。

5G 發展機遇

隨着 5G 時代臨近，瑞聲科技在 5G 積極佈局。其採用新材料的平台解決方案實現了聲學、結構件及無線射頻模組的跨平台整合，為籌備 5G 時代奠定了堅實的技術基礎。

瑞聲科技將進一步整合天線設計和提高精密加工製造效率和自動化程度，並積極研發佈局 MIMO 天線等產品，為迎接 5G 到來、產品的更新換代打造更好的基礎。

公司財務摘要

下面我們來看看瑞聲科技的財務狀況。

瑞聲科技 2016 - 2018 年的財務摘要

	2016/12	2017/12	2018/12
盈利 Net Profit（百萬）	4,474	6,384	4,322
每股盈利 EPS	3.6449	5.2152	3.5410
每股盈利增長 EPS Growth (%)	22.50	43.08	-32.10
市盈率	39.75	8.61	18.38*
股東權益回報率 ROE (%)	28.37	30.34	20.05
總營業額 Turnover（百萬）	15,507	21,119	18,131

資料來源：瑞聲科技 2016 - 2018 年年報
* 數據截至 2020 年 1 月 17 日

基本分析

瑞聲科技的純利在 2017 年曾大幅上升，然而好景不長，2018 年的純利比起 2016 和 2017 年更差，顯示公司業務受到一定的挑戰。股東權益回報率連續 3 年在 20% 以上，非常厲害。期望公司業務在 5G 發展的潮流中可以分一杯羹。

接下來我們來看看瑞聲科技的股價走勢。

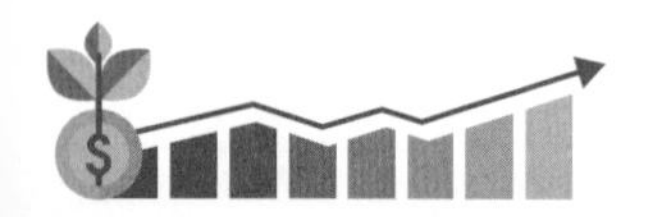

技術分析

Edwin Sir 通常用他獨特的「通道圖」來分析。

瑞聲科技的上升通道是從 2009 年開始持續了 10 年，當中由 2015 年港股大時代後升得比較急速。其後由最高位的 HK$185 不斷下跌，每況愈下，曾經在 2019 年 8 月跌到低位 HK$32.85，之後開始反彈。初步上望 HK$80，突破後有機會到 HK$100。如果股價在通道底可以放心買入。預期瑞聲科技的股價在未來兩年會在大約 HK$40 至 HK$175 之間波動。

瑞聲科技股價圖（數據截至 2020 年 1 月 17 日）

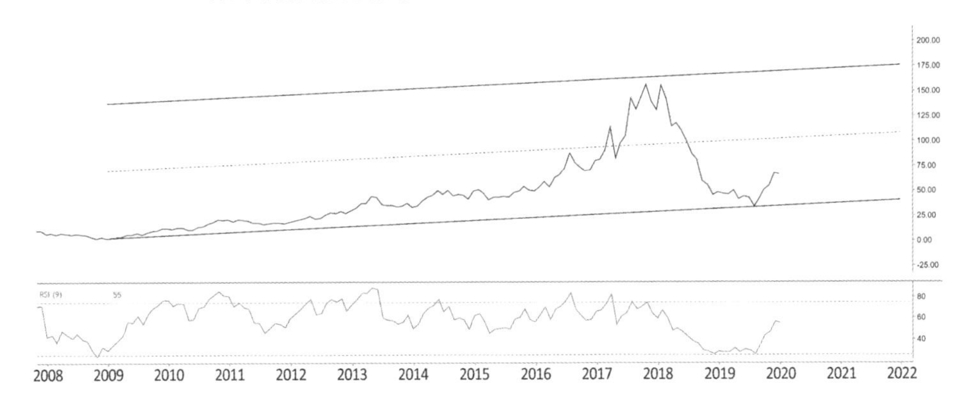

總結

瑞聲科技 2017 年的純利非常多，2018 年回歸正常。截至 2020 年 1 月 17 日的市盈率是 18.38 倍，中規中矩。股東權益回報率超過 25%，屬於非常好。該股從 2019 年 9 月開始重拾升勢，期望有進一步改善。

爆升指數 3

2038 富智康

公司簡介

富智康於 2005 年 2 月 3 日在香港聯交所主板上市，招股價為 HK$3.88。

富智康是台灣鴻海集團旗下子公司，鴻海間接持有富智康 61.86% 的股權。富智康是領先全球手機業的垂直整合製造服務供應商，就手機及其他無線通訊裝置及電子消費產品為客戶提供完整的端對端元件以及製造及工程服務，包括獨特及創新的產品開發及設計，機構件、元件、整個系統組裝等；物流、分銷、供應鏈服務與解決方案，以及維修和其他售後服務。

富智康主營業務為手機代工，客戶包括有 HMD Global（持有諾基亞品牌）、華為、華碩、聯想、OPPO、錘子手機、魅族、中興通訊、小米以及其他大量知名中國內地的本土手機企業。目前擁有夏普、富可視智慧型手機兩個自有品牌。

特別需要留意的是，有替蘋果代工的其實是「富士康科技集團」，其控股公司是在台灣和倫敦上市的「鴻海精密」。富智康（2038）只是「富士康科技集團」中的一個分公司，並未曾替蘋果代工。由於富智康原名「富士康國際控股」，名字和商標都用上富士康科技集團的「富士康」和英文名「Foxconn」，因此令市場和不少分析員產生混淆，張冠李戴。有鑑於此，富智康特別在 2013 年就改用現時的名字，英文名更不用

「Foxconn」，改為「FIH Mobile Limited」。富智康的主席在當年股東會後也一再解釋，富智康從來未曾負責組裝蘋果產品工序。

垂直整合從研發、製造到售後服務

富智康為手機及無線通訊終端設備研發及製造之國際化企業，秉持技術領先的堅持，持續網羅優秀研發人才，投注尖端研發實驗設備，並結合鴻海集團全球資源，以電子化一零元件、模組機光電垂直整合服務模式，簡稱 eCMMS（e-enabled Components, Modules, Moves and Services），自研發、製造到售後服務之垂直整合，為客戶提供完整的手機元件及製造服務，包括獨特的產品開發及設計、外殼、元件、系統裝配及維修、物流與其他售後服務一站式購物服務。

5G 發展機遇

各大品牌的 5G 手機預計在 2020 年大規模上市，換機潮可持續至少 5 年，希望屆時可以帶動到作為手機代工廠的富智康的業務發展。

公司財務摘要

下面我們來看看富智康的財務狀況。

富智康 2016 - 2018 年的財務摘要

	2016/12	2017/12	2018/12
盈利 Net Profit（百萬）	1073	-4106	-6715
每股盈利 EPS	0.1372	-0.5165	-0.8281
每股盈利增長 EPS Growth (%)	-40.18	-476.34	-160.32
股東權益回報率 ROE (%)	3.88	/	/
總營業額 Turnover（百萬）	6,233	12,080	14,930

資料來源：富智康 2016 - 2018 年年報

基本分析

富智康在 2017 年、2018 年雖然營業額上升，但盈利卻大幅倒退，表明公司遇到相當大的挑戰。由於目前公司處於虧損階段，讀者要明白一年虧損 67 億港元是天文數字，在扭虧為盈之前，絕不沾手。

接下來我們來看看富智康的股價走勢。

技術分析

Edwin Sir 通常用他獨特的「通道圖」來分析。

基本上富智康的股價屬於一個橫行的態勢，通道輕微向下，一直都沒有上升的動力，當中的波幅頗大。2010 年 1 月曾上過高位 HK$11.68。到了 2018 年 1 月最低位竟然只有 0.65，跌幅達 94%。如果投資這一隻股票，需要非常謹慎和非常大的耐性。預期富智康的股價在未來兩年會在大約 HK$0.5 至 HK$10 之間波動。

富智康股價圖（數據截至 2020 年 1 月 17 日）

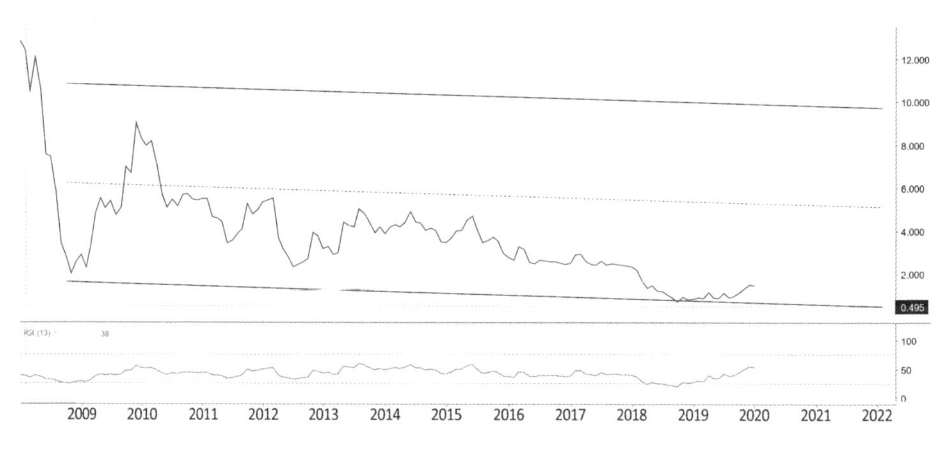

總結

富智康連續兩年業績錄得虧損。期望 5G 能帶來新的轉機，讓富智康可以重新盈利。現在絕對不能投資這隻股票。技術分析來看，該股處於一個輕微的下降軌，亦不利前景，唯一好處是股價在通道底部，尚算便宜。

公司簡介

舜宇光學於 2007 年 6 月 15 日在香港主板上市，招股價為 HK$3.82。

舜宇光學成立於 1984 年，是中國手機攝像頭生產商的龍頭企業。自 2007 年上市至 2018 年，舜宇光學的營業收入從 13.84 億元增長至 259.31 億元，近 5 年複合增速達到 41.2%；淨利潤則從 2.25 億元增長至 28.36 億元，近 5 年複合增速達到 53.0%。

舜宇光學已形成光電產品（主要是攝像頭模組）、光學零件（主要是智能手機光學鏡頭和車載鏡頭）、光學儀器三大業務板塊。

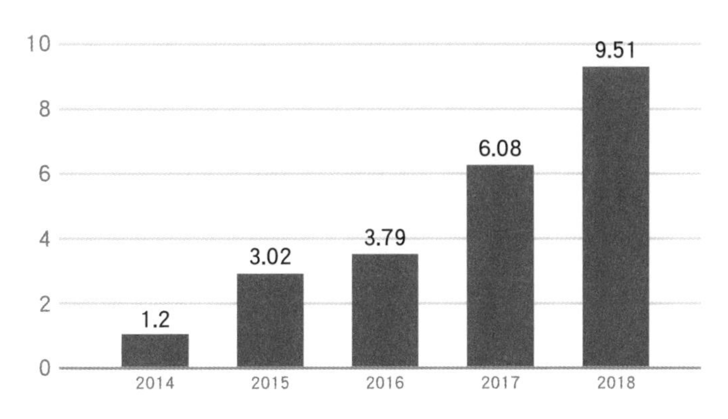

資料來源：舜宇光學公司 2014-2018 年年報

手機鏡頭出貨量保持快速增長

在下游智能手機出貨量增速放緩甚至下滑的背景下，舜宇光學的光學手機鏡頭出貨量依然保持高速增長。

主要受益於國產智能手機的崛起，如華為、OPPO、vivo 和小米的智能手機出貨量維持增長。另外，舜宇光學與台灣大立光相比有一些價格優勢，大立光鏡頭價格較高，在下游智能手機行業競爭加劇的情況下，手機廠商考慮到成本的原因，也會選擇價格更加便宜的舜宇光學。

車載鏡頭全球第一

舜宇光學是車載鏡頭領域的全球龍頭企業，從 2012 年開始，舜宇光學的車載鏡頭出貨量全球第一，目前全球市佔率在 30% 左右。同時，舜宇光學也開始進入汽車平視顯示器（HUD）和智能駕駛的激光雷達領域。將來，舜宇光學的車載鏡頭出貨量和營業收入仍將保持高速增長。

三攝像頭模組及 3D 攝像頭領先

舜宇光學是華為旗艦機 P9、P10、P20 雙攝模組以及 P20 Pro 和 Mate20 三攝模組的核心供應商，目前下游客戶包括華為、vivo、OPPO 等內地一線智能手機廠商。2018 年，舜宇光學進入全球市場份額最高的智能手機廠商三星的手機攝像頭模組供應鏈，未來有望繼續提升海外客戶的市場份額。

另外，隨着 2019 至 2020 年 3D 攝像頭在國產智能手機中的不斷滲透，公司的 3D 攝像頭模組業務有望得到快速的成長。

5G 發展機遇

5G 的商用將開啟智能手機的新一輪革新。舜宇的主要客戶華為、小米、OPPO 等都將推出 5G 手機。5G 將最先應用在 eMBB（增強移動寬頻）場景，將提供更高質量的個人移動通訊和視頻業務，必將會帶動一波智能手機換新潮。

公司財務摘要

下面我們來看看舜宇光學的財務狀況。

舜宇光學 2016 - 2018 年的財務摘要

	2016/12	2017/12	2018/12
盈利 Net Profit（百萬）	1412	3479	2836
每股盈利 EPS	1.3068	3.1982	2.5951
每股盈利增長 EPS Growth (%)	56.72	144.73	-18.86
市盈率	112.56	30.41	54.76*
股東權益回報率 ROE (%)	25.96	38.75	26.97
總營業額 Turnover（百萬）	14,612	22,366	25,932

資料來源：舜宇光學 2016 - 2018 年年報
* 數據截至 2020 年 1 月 17 日

基本分析

舜宇光學 2016 年至 2018 年 3 年均錄得純利，公司 2017 年的純利更是大幅增長。截至 2020 年 1 月 17 日的市盈率為 54.76 倍，偏貴。而股東權益回報率連續 3 年均超過 25%，令人驚喜。

接下來我們來看看舜宇光學的股價走勢。

技術分析

Edwin Sir 通常用他獨特的「通道圖」來分析。

舜宇光學的通道圖從 2013 年開始就是一個強勁上升的趨勢，這是一隻爆升股應該有的樣子。股價由 2013 年初的 HK$5.5 開始就一直往上升，在 2017 年 12 月 4 日納入恆生指數之後，曾經在 2018 年 6 月創過歷史新高 HK$174.90。截至 2019 年 5 月股價在通道圖底部大力反彈到中軸，如能守住中軸超過 3 個月，將是一個不錯的買入時機，屆時上望通道頂部 HK$230。如有機會到通道底，可以趁低買入，並長期持有，因為這是一隻長期上升的股票。預期舜宇光學的股價在未來兩年會在大約 HK$120 至 HK$230 之間波動。

總結

舜宇光學業績亮麗，2017 年股價大漲之後，2018 年開始回落，但業績仍比 2016 年提升一倍。截至 2020 年 1 月 17 日，市盈率為 54.76 倍，偏貴。股東權益率長期保持在 20% 以上，非常厲害。技術分析顯示，該股處於一個非常漂亮的長期上升軌，股價在通道內上升得非常快，所以如果股價有機會在通道底部，就不要錯過買入或增持的機會。

6823 香港電訊

公司簡介

香港電訊於 2011 年 11 月 29 日在香港主板上市，招股價為 HK$4.53。

香港電訊是香港主要的電訊運營商。在 2017 年，公司的固網業務（寬頻、數據、本地電話和國際）的收入佔比超過 60%，其餘來自移動業務。公司在香港擁有廣泛的光纖網絡，截至 2018 年 6 月底，其 FTTB 和 FTTH 分別滲透進 88.6% 和 86.5% 的家庭 / 企業。

香港電訊的業務包括本地電話、本地數據及寬頻、國際電訊、流動通訊以及客戶器材銷售、外判服務、顧問服務及客戶聯絡中心等其他電訊服務。

香港電訊提供「四網合一」體驗，聯同母公司電訊盈科有限公司透過香港電訊的固網、寬頻互聯網及流動通訊平台傳送媒體內容。

積極發展電子支付及虛擬銀行

2018 年上半年末有超過 130 萬個 Tap & GO 帳戶在營運中，公司正在與萬事達卡和銀聯合作，因此有望獲得商家的廣泛接受。金管局推行的「快速支付系統」亦有望推動公眾及商戶採用流動付款，預計香港電訊將受益於這行業趨勢。雲計算和 Tap & GO 等新業務發展將成為未來增長動力。

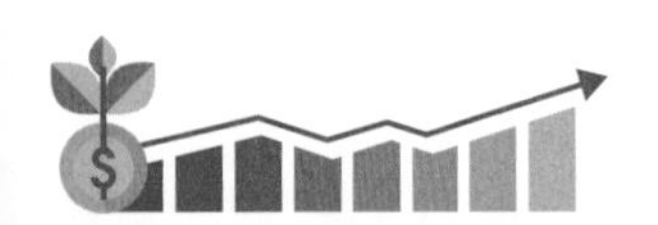

另外，渣打銀行（香港）、電訊盈科、香港電訊及攜程金融的合資公司 SC Digital Solutions Limited 已成功獲批香港的虛擬銀行牌照。

5G 發展機遇

香港電訊於 2019 年 4 月獲得 26 至 28GHz 頻譜後，正積極準備推出 5G 服務，並期望可以取得覆蓋範圍更廣的中頻段頻譜，以提供更全面的 5G 服務。

香港電訊已計劃在港鐵沙中線內提供 5G 服務，公司與華為合作，採用創新的數碼室內系統（DIS），可讓多個營運商共享網絡，為客戶提供流動寬頻服務。該網絡基礎設施可演變成未來的 5G 網絡，而毋須額外鋪設電纜。

公司財務摘要

下面我們來看看香港電訊的財務狀況。

香港電訊 2016 - 2018 年的財務摘要

	2016/12	2017/12	2018/12
盈利 Net Profit（百萬）	4,889	4,745	4,825
每股盈利 EPS	0.6462	0.6269	0.6373
每股盈利增長 EPS Growth (%)	23.77	-2.99	1.66
市盈率	14.56	19.01	18.45*
股東權益回報率 ROE (%)	12.51	12.54	12.85
總營業額 Turnover（百萬）	33,847	33,067	35,187

資料來源：香港電訊 2016 - 2018 年年報
* 數據截至 2020 年 1 月 17 日

基本分析

香港電訊的業務平穩，提供穩定盈利與現金流，截至 2020 年 1 月 17 日市盈率為 18.45 倍，不算太貴，算可以接受。股東權益回報率長期維持在 12% 以上，相當不錯。

接下來我們來看看香港電訊的股價走勢。

技術分析

Edwin Sir 通常用他獨特的「通道圖」來分析。

香港電訊的股價從 2012 年開始走了 7 年，形成這個通道圖，相對來説是可靠的。它的股價處於一個上升通道，所以這是一隻好股票的表現。2019 年 9 月股價在通道中軸附近徘徊，要小心股價與 RSI 出現背馳現象，有機會有一個較深的向下調整。如果股價有機會去到通道的底部，可以考慮買入，並一直持有到通道頂部。2020 年初股價從通道底部反彈，不算貴，可以上望中軸大約 HK$15。預期香港電訊的股價在未來兩年會在大約 HK$12.5 至 HK$17.5 之間波動。

香港電訊股價圖（數據截至 2020 年 1 月 17 日）

總結

香港電訊的股東權益回報率長期維持在 12% 以上，盈利穩定。技術分析方面，股價處於一個長期的上升軌，2019 年 4 月開始在中軸附近徘徊。如果股價有機會去到通道底部，可以積極考慮買入並中長線持有。

爆升指數 3.5

8167 中國新電信

公司簡介

中國新電信於 2002 年 8 月 6 日在香港聯交所創業板掛牌上市，招股價為 HK$0.50。

中國新電信主營業務為大數據業務、智能裝備及互聯網金融平台。

1. **大數據業務**

⑴ IDC 業務：在廣州、佛山、江門、台山擁有 T3 標準的綠色數據中心機房，總容量為 30,000 個標準機櫃。

⑵ 跨境電商：「線上平台銷售，線下 O2O 體驗店」，實現具環球視野、全程服務兼線上線下互動的電子商務平台，支援電腦 / 手機端、線上支付（支付寶等）功能。

⑶ 雲計算業務：代理銷售浪潮集團旗下的產品，包括服務器、存儲設備、雲服務等。並且聯合浪潮集團，各自發揮自身優勢，針對政府、企業提供一站式安全、可靠的系統集成方案。

2. **智能裝備**

中國新電信依託與中國航天的戰略合作，以航天科技作後盾，致力於物流裝備的智慧化、輕量化及綠色低碳，為客戶提供航天品

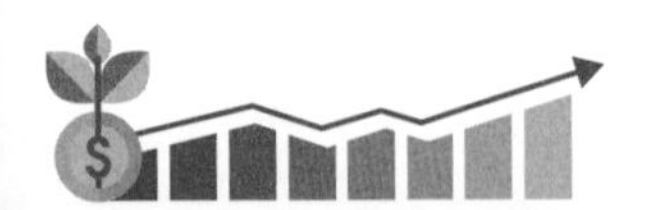

質的物流裝備，並提供高效的專家級服務。

3. **互聯網金融**

⑴ 阿凡達財富：以互聯網技術結合企業金融、個人消費金融、汽車金融等產業生態，提供創新金融服務產品。

⑵ 蜜蜂金服：是一個互聯網金融服務平台，服務網點遍佈全國。包括 F2F 業務、資產證券化業務及其他業務（包括農產品供應鏈金融等）。

5G 發展機遇

中國新電信的數據中心 IDC 及雲計算業務，有望在 5G 下得到進一步發展。

公司財務摘要

下面我們來看看中國新電信的財務狀況。

中國新電信 2016 - 2018 年的財務摘要

	2016/12	2017/12	2018/12
盈利 Net Profit（百萬）	192	41	-84
每股盈利 EPS	0.0202	0.0043	-0.0089
每股盈利增長 EPS Growth (%)	529.79	78.71	-306.98
股東權益回報率 ROE (%)	13.31	2.71	/
總營業額 Turnover（百萬）	2,514	1,215	2,529

資料來源：中國新電信 2016 - 2018 年年報

基本分析

中國新電信在 2017、2018 連續兩年業績倒退，2018 年度更錄得虧損。以基本分析的角度來看，在該股轉虧為盈之前，暫時不適宜沾手。

接下來我們來看看中國新電信的股價走勢。

技術分析

Edwin Sir 通常用他獨特的「通道圖」來分析。

中國新電信的股價通道圖是從 2015 年開始，港股大時代之後，由於大市下跌，該股也隨着下跌。即使 2017 年港股回升，該股仍然繼續往下跌。這種處於下降軌的股票未能給予投資者信心，所以即使股價到了通道的底部也沒有信心買入，不作考慮，這種處於下降軌的股票前景成疑。

中國新電信股價圖（數據截至 2020 年 1 月 17 日）

總結

中國新電信在 2016 年之後盈利持續下降，2018 年更加由盈轉虧，顯示業務狀況比較差。技術分析方面也顯示該股處於一個下降軌，一底低於一底。所以就算到了通道底部也不可以放心買入。因此，該股暫時不建議投資，必須待 5G 開通後再看業績是否有改善，再作考慮。

第五章
5G第三期個股分析

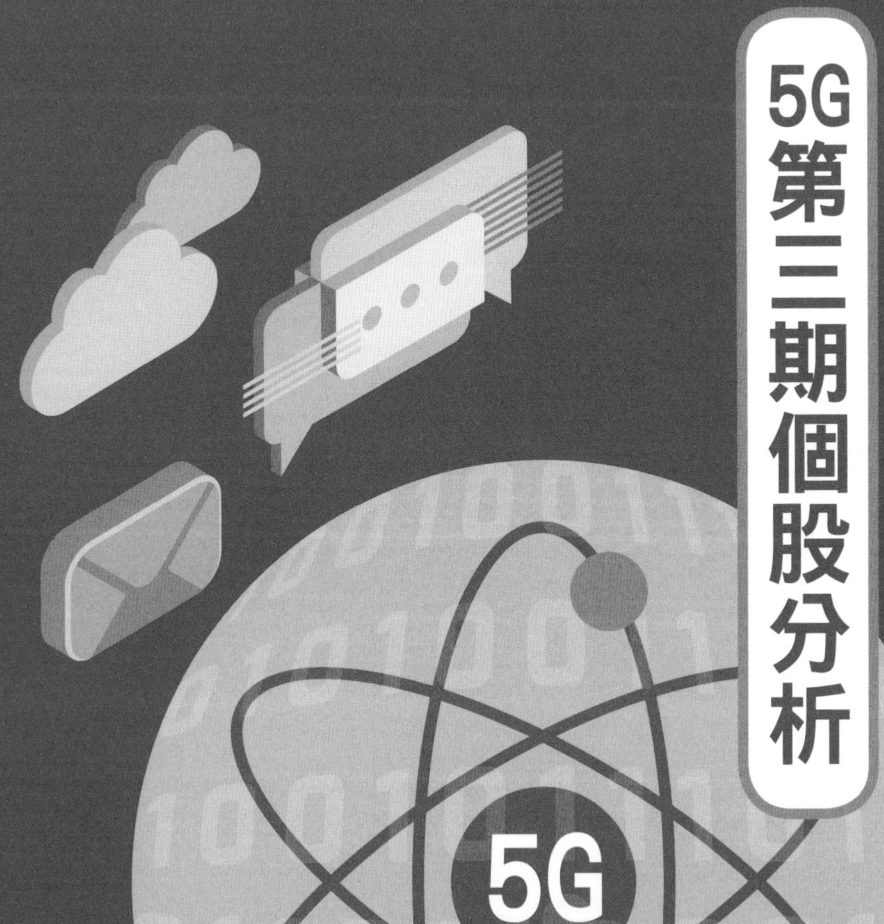

5G 的第三期主要包括開發各種 5G 應用的公司，例如在無人駕駛、AR、VR、手機遊戲、流動應用程式（App）等方面。

本章將介紹以下相關個股：

0354	**中國軟件國際**	**0700**	**騰訊**
0777	**網龍**	**0799**	**IGG**
3888	**金山軟件**	**9988**	**阿里巴巴 -SW**

中國軟件國際

公司簡介

中國軟件國際於 2003 年 6 月 20 日在香港聯交所主板上市，招股價為 HK$0.32。

中國軟件國際成立於 2000 年，是內地最大的 IT 龍頭軟件開發公司。許多銀行的網銀系統、中國移動的網上營業廳、中國政府提供的社保管理系統等，都是由中國軟件國際開發並提供支持的。

公司業務主要包括 3 項：大客戶業務、雲計算業務和「解放號」業務。

1. 中國軟件國際的華為、滙豐、百度、中國平安等大客戶軟件外包需求穩中有進，大客戶業務保持穩定增長，為中國軟件國際提供現金流。
2. 雲計算業務包括雲遷移 / 雲運維與工業互聯網 SaaS 產品兩類業務，在雲計算快速發展的背景下，中國軟件國際憑藉技術 / 產品實力，與華為及中國政府的長期合作關係快速發展。
3. 「解放號」眾包平台是中國軟件國際未來重點發展方向，目前平台工程師超過 30 萬名、發包方超 3 萬，有望成為中國最優秀的軟件開發交易平台。

「解放號」軟件開發眾包平台發展潛力巨大

作為進軍雲業務的重頭戲，「解放號」是中國軟件國際於 2014 年首推的軟件開發眾包平台。所謂「軟件外包」，是指客戶將一部分軟件研發、測試、本地化和維護工作交給第三方軟件服務商，從而降低成本提高效率。

截至 2017 年 6 月底，「解放號」上已經有 3 千多家接包企業、2 萬多家發包企業、18 萬多名接包工程師，半年之內發包金額達 2 億元以上。2019 年中國軟件國際更是上線「解放號」2.0 版本，升級盈利模式，從交易佣金轉為會費模式，進一步增加用戶黏性，提高活躍度。

雲遷移和雲運維服務出眾

中國軟件國際給包括華為、阿里、騰訊等多家 IaaS 大廠的客戶提供雲遷移和雲運維服務，特別公司是華為「同舟共濟」戰略合作伙伴，有望從華為雲快速擴張中獲利。

另外，中國軟件國際的蜂巢 Honeycomb 是優秀的工業互聯網平台，為多地製造企業提供雲平台服務及雲 SaaS 服務，未來幾年有望迎來爆發式發展。

擁有華為、微軟、滙豐、騰訊等大客戶

作為華為首屈一指的「同舟共濟」合作伙伴，中國軟件國際佔據華為外包業務六成份額。另外，微軟、滙豐、騰訊遊戲、中國平安、阿里巴巴也是中國軟件國際多年的客戶。

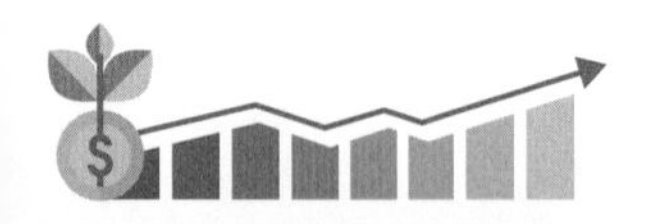

5G 發展機遇

由於華為在 5G 技術及市場具領導地位，作為中國軟件國際第一大客戶的華為在 5G 的發展，必然對公司的業務有着非常正面的影響。可以預期，隨中國軟件國際與華為的合作不斷深入及加強，在 5G 年代必然會極大地受惠，讓我們拭目以待。

公司財務摘要

下面我們來看看中國軟件國際的財務狀況。

中國軟件國際 2016 - 2018 年的財務摘要

	2016/12	2017/12	2018/12
盈利 Net Profit（百萬）	491	678	815
每股盈利 EPS	0.2260	0.2828	0.3363
每股盈利增長 EPS Growth (%)	36.79	25.13	15.37
市盈率	27.56	17.50	16.20*
股東權益回報率 ROE (%)	10.37	10.95	12.00
總營業額 Turnover（百萬）	6,783	9,244	10,585

資料來源：中國軟件國際 2016 - 2018 年年報
* 數據截至 2020 年 2 月 16 日

基本分析

中國軟件國際的基本分析非常不錯，每股盈利持續增長。截至 2020 年 2 月 16 日，公司的市盈率 16.20 倍也不算貴，股東權益回報率多年保持在 10% 以上，營業額每年都有增長。

接下來我們看看中國軟件國際的股價走勢。

技術分析

Edwin Sir 通常用他獨特的「通道圖」來分析。

中國軟件國際的通道圖是從 2011 年開始，一直沿着上升軌上升了 8 年。曾經在 2018 年 4 月創新高 HK$7.72。之後隨着大市回落，跌到通道底部。2019 年該股曾跌穿通道底部，幸好之後回升。宜在通道底部站穩一段時間才考慮是否投資。中國軟件國際的股價在近兩年比較大上大落，因此投資者要有心理準備接受比較大的波動幅度。

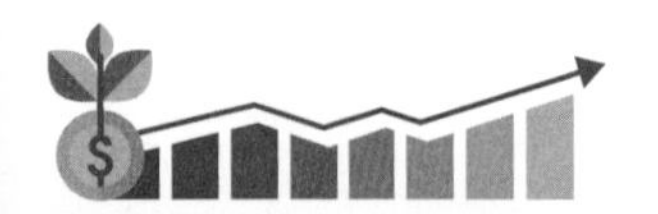

中國軟件國際股價圖（數據截至 2020 年 1 月 17 日）

總結

中國軟件國際的業績強勁增長中。股東權益回報，連續 3 年超過 10%，屬於相當好。然而，技術分析顯示，要耐心等待股價站穩住通道底部後，才考慮投資。

0700 騰訊

公司簡介

2004 年 6 月 16 日，騰訊在香港聯交所主板掛牌上市，招股價為 HK$3.70。

股王騰訊曾在 2018 年一度成為中國市值最大的互聯網公司，股價達到 470 港幣，市值接近 4 萬億人民幣。2009 年到 2018 年的 10 年之間騰訊的股價上漲 50 倍，2004 年上市至今漲幅超過 400 倍。騰訊真正見證了中國 PC 互聯網時代和移動互聯網時代的發展。

騰訊擁有兩個絕對壟斷級別的社交產品：QQ 和微信（WeChat）。傳統互聯網時代是 QQ 的舞台，移動互聯網時代是微信的舞台。微信連接人與人，同時構建人與信息、人與服務、人與物的連接生態，實現跨應用、跨場景的連接，將騰訊生態能力賦能於各行業。

騰訊的商業模式：收「過路費」

社交網絡具有天然吸引流量的優勢，騰訊商業模式本質是基於免費產品（QQ、微信等）吸引巨大流量，然後基於這些巨大流量不斷開發更多的增值服務。這些產品帶來的巨大流量匯聚成一條河，而騰訊的角色就是在流量湧動的大河裏設置關卡和大壩，從中抽取能量（金錢）。

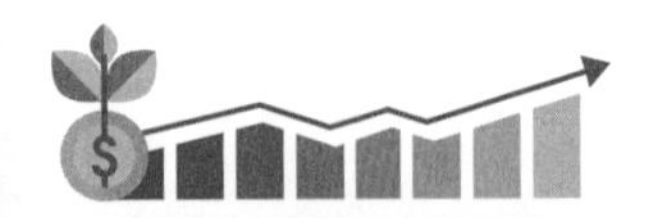

騰訊的業務可以分為三層：

1. 第一層是基礎連接業務。QQ 和微信主要連接人與人，騰訊雲連接人與產業，連接服務產生巨大的流量。QQ 和微信在網絡社交領域近乎壟斷的地位也為騰訊進軍其他業務板塊打下了堅實的基礎。

2. 第二層是內容服務。包括遊戲、視頻、音樂、文學等等，滿足用戶的各種需求，增加生態黏性，進行流量變現，為騰訊帶來了巨額的盈利和增長機會，騰訊的遊戲業務已經在內地遊戲產業的市場份額中排名第一，大文娛細分業務也在各自的領域內取得了優勢地位。

3. 第三層是金融業務。包括微信支付、微眾銀行、保險業務等。在 toC 端業務日漸成熟之際，騰訊將部分業務重心轉移至 toB 端。金融科技和雲計算將成為未來騰訊轉型和升級的關鍵要點。

值得一提的是，2018 年騰訊以 197.8 億美元的遊戲收入在全球遊戲收入前十大公司中排名第一，成為全球最賺錢的遊戲企業。遊戲業務仍然是騰訊營收中佔比最大的業務。

5G 發展機遇

為鞏固社交媒體市場地位，騰訊將開發 VR（虛擬實境）版微信。隨着 5G 發展，流動網絡速度大大提升，可支援大量移動互聯網 VR 設備，騰訊的 VR 版本微信將可能成為另一個里程碑式的 App。

騰訊也已經展開在雲遊戲、8K 高清視頻、VR / AR 直播、自動駕駛等方面的 5G 試點應用。

我們可以看到，騰訊正在一步一個腳印，穩健地邁向萬物互聯時代。展望不遠的未來，這隻企鵝能否在 5G 時代的淘金浪潮中再次領先？對此我們將持續關注。

公司財務摘要

下面我們來看看騰訊的財務狀況。

騰訊 2016 - 2018 年的財務摘要

	2016/12	2017/12	2018/12
盈利 Net Profit（百萬）	45,667	85,733	89,629
每股盈利 EPS	4.8706	9.1092	9.4914
每股盈利增長 EPS Growth (%)	33.72	87.02	4.19
市盈率	94.98	40.62	43.30*
股東權益回報率 ROE (%)	23.53	27.93	24.33
總營業額 Turnover（百萬）	151,938	237,760	312,694

資料來源：騰訊 2016 - 2018 年年報
* 數據截至 2020 年 2 月 18 日

基本分析

騰訊的盈利和總營業額每年都有穩定的增長，其股東權益回報率在過去 3 年均超過 23%，非常厲害。由於騰訊是一家高增長的公司，因此其市盈率會比其他公司高一些，截至 2020 年 2 月 18 日的市盈率是 43.3 倍，尚算合理。

接下來我們看看騰訊的股價走勢。

技術分析

Edwin Sir 通常用他獨特的「通道圖」來分析。

騰訊的股價通道圖是從 2009 年至今，可以看到是處於一個長期上升的通道中。2009 年股價從不足 HK$100，到 2018 年升到最高位 HK$476.6。2018 年港股到頂之後，騰訊股價也隨之大幅調整，跌到 HK$251。截至 2020 年 2 月，股價在高位 HK$410 左右徘徊。可以預計，騰訊的股價未來會在 HK$300 至 HK$500 之間波動。

從騰訊這個例子可以看到，一個好的股票可以長期向上，而且幅度可以相當的大。這像騰訊這種 10 年一遇的好股票，遇到了就不要錯過了。另外，大家可以看到騰訊的 RSI 很少會跌到 30，經常是沒有到 30 已經反彈，這是強勢股的特點。

騰訊股價圖（數據截至 2020 年 2 月 18 日）

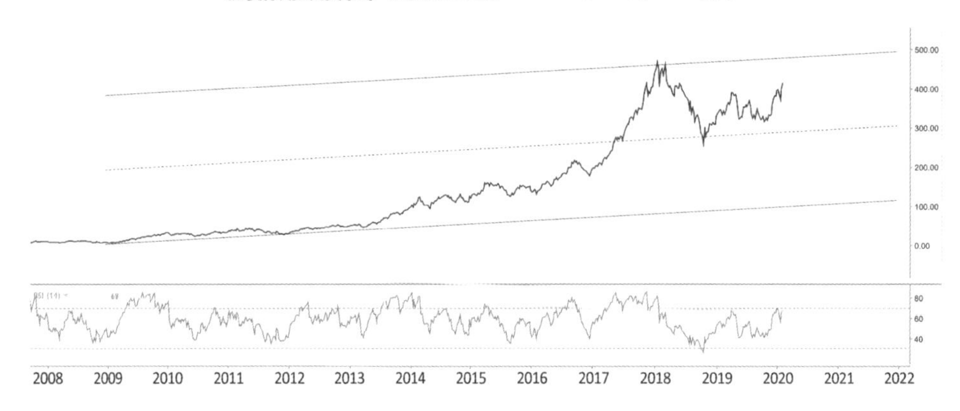

總結

股王騰訊的三大業務以遊戲最為賺錢，5G 年代其雲計算及雲遊戲業務的發展值得期待。其基本分析顯示，業務每年均有穩定的增長，股東權益回報率高且穩定，深得投資者喜愛。技術分析方面，騰訊的股價處於一個長期上升軌，如有機會在通達底或中軸買入並持有至通道頂，會有非常好的回報，讀者宜耐心等待機會，如果有這樣的投資機會，就千萬不要錯過了。

0777 網龍

公司簡介

2007 年 11 月 2 日，在香港聯交所創業板掛牌上市，招股價為 HK$13.18，其後於 2008 年 6 月 24 日轉往主板。

網龍成立於 1999 年，為一家老牌網絡遊戲企業，曾創立中國遊戲第一門戶網站 17173.com、智能手機服務平台 91 無線等，其網遊及手遊精品包括《征服》、《魔域》、《英魂之刃》、《虎豹騎》等，覆蓋英、法、西班牙、阿拉伯等 11 種語言區域 180 餘個國家的遊戲市場。網龍於 2013 年以 19 億美元估值向百度出售 91 無線後，2014 年開始，開啓教育及技術方面的併購步伐，進軍教育信息化行業，正式開啓了「遊戲 + 教育」的雙主業佈局。

「遊戲 + 教育」雙主業支撐的業務架構

網龍的遊戲業務覆蓋端遊、頁遊、手遊，端遊仍保持增長，同時多款端遊陸續進行手遊化，旗艦遊戲包括《魔域》、《英魂之刃》、《征服》等。未來網龍將繼續通過自研及與第三方合作的方式擴大 IP 遊戲組合，遊戲業務有望進一步增長。

網龍的教育業務佈局全球，其教育業務版圖已遍佈全球 192 個國家，接近 1 億用戶，超過 1200 萬教師，覆蓋 100 餘萬間教室。先後收購全球領先的 K12 教育集團普羅米休斯（Promethean）、教育產品供應商 JumpStart 和在線教育平台 Edmodo，逐漸形成「智能硬件 + 教育軟件 +

線上平台」三位一體的協同模式。

近年來，網龍的教育業務營收增長迅猛，2016 年之後教育業務營收佔比首次超過遊戲業務，成為公司營收的重要支撐。

網龍主要從技術、渠道、產品三方面積極佈局教育信息化：

1. 技術方面：通過收購創奇思、Cherrypicks Alpha、馳聲等，以及通過與北師大、塞爾維亞諾維薩德大學建立「未來教育虛擬實驗室」，聯合美國北德克薩斯州大學建立數字研究中心等佈局，積極儲備 AR、語音、全息影像、交互等方面的技術，運用於互動教育領域。

2. 產品方面：收購普羅米休斯、JumpStart 等科技教育類公司，並依託自身教育子公司網龍華漁的「101 系列」產品，逐步形成了覆蓋學前教育、基礎教育、高等教育、職業教育、企業培訓、非學歷教育多板塊的教育產品矩陣。

3. 渠道方面：2015 年 11 月，網龍收購 Promethean，其在全球 K12 互動顯示屏市場處於領導者地位，市場份額達 16%，覆蓋全球 150 多個國家的 130 萬間教室，以及 200 萬名教師和 3000 萬名學生使用者。2018 年 4 月，網龍收購全球知名學習社區平台 Edmodo，超過 1 億註冊用戶，遍佈 190 多個國家超過 40 萬所學校，月活用戶超過 500 萬，創建及共享的學習資源 6.5 億（單位）以上。

5G 發展機遇

網龍搶佔先機，早在 2016 年就開始佈局 VR / AR 產業，先後收購 AR 技術公司 Cherrypicks Alpha，戰略投資 ARHT Media，內部設立網龍大學 VR 培訓中心，建設全球最大 VR 體驗中心「中國福建 VR 體驗中心」，積極整合全球資源，構建 VR 生態圈。

可以預期，網龍在 5G 時代有機會受惠於 VR / AR 產業的高速增長，並將繼續在「在線教育」方面有所作為。

公司財務摘要

下面我們來看看網龍的財務狀況。

網龍 2016 - 2018 年的財務摘要

	2016/12	2017/12	2018/12
盈利 Net Profit（百萬）	-225	-25	621
每股盈利 EPS	-0.4548	-0.0494	1.1662
每股盈利增長 EPS Growth (%)	34.05	-89.14	2460.89
市盈率	/	/	22.47*
股東權益回報率 ROE (%)	-4.977	-0.496	11.06
總營業額 Turnover（百萬）	2,793	3,868	5,038

資料來源：網龍 2016 - 2018 年年報
* 數據截至 2020 年 2 月 18 日

基本分析

雖然網龍的總營業額在過去 3 年不斷上升，但其盈利在 2016 及 2017 年均是處於虧損狀態，顯示公司遇到重大挑戰。所幸 2018 年開始轉虧為盈，而且股東權益回報率回升至 11.06%，算是比較理想。期望進入 5G 時代後，公司可以把握機會提升盈利水平。

接下來我們看看網龍的股價走勢。

技術分析

EdwinSir 通常用他獨特的「通道圖」來分析。

網絡的股價在 2015 年港股大時代期間曾升到了歷史高位 HK$42，升了 20 多倍。之後在 2015 年中到 2017 年中都是 HK$15 到 HK$28 之間徘徊，即使港股在 2018 年初創了新高，網龍的股價仍然沒有突破 2015 年的高位。該股的股價在 2019 年初到了通道底部後反彈，之後到了 HK$29 高位。預計未來兩年網龍的股價將會在 HK$15 至 HK$32 之間波動。大機會是在中軸以下徘徊。

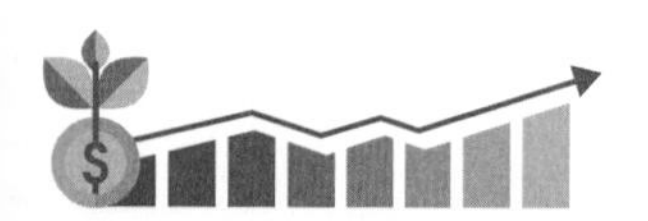

網龍股價圖（數據截至 2020 年 2 月 18 日）

總結

網龍曾經在 2016 和 2017 年出現虧損，幸 2018 年已轉虧為盈。技術分析顯示，該股在 2018 年未隨大市上升而創新高，屬於跑輸大市。未來兩年股價大機會在中軸以下徘徊，投資價值只屬一般。

IGG

公司簡介

2013 年 10 月 18 日，IGG 在香港聯交所創業板上市，招股價為 HK$2.91，其後於 2015 年 7 月 7 日轉到主板。

IGG 是手機遊戲開發商和發行商，在全球擁有 6.2 億註冊用戶。根據 Sensor Tower 的排名，IGG 是海外遊戲收入最高的中國遊戲公司。

IGG 的遊戲已經覆蓋全球 200 個國家，月活躍用戶達 1900 萬，在 10 個國家有海外本土開發和運營團隊。根據 AppAnnie 的排名，IGG 在 2018 年遊戲收入位列全球遊戲商第 22 名和中國第 4 名。

專攻策略類遊戲

IGG 其兩款旗艦遊戲《王國紀元》和《城堡爭霸》2018 年的平均月流水達 6500 萬美元。儘管發行已近 6 年，《城堡爭霸》仍舊保有熱度，在超過 30 個國家的遊戲中位居流水前 20。其後，公司在 2016 年 3 月發行了《王國紀元》，該遊戲通過多語言版本、全球同服的優勢，迅速在 SLG 中打破紀錄，成為爆款。截止 2018 年 12 月 31 日，根據 App Annie 的排名，《王國紀元》在全球超 49 個國家中位列前五。該遊戲快速增長，吸引了超過 1300 萬的月活躍用戶，在 2018 年貢獻了公司 80% 的總收入。

然而值得留意的是，《王國紀元》和《城堡爭霸》兩款遊戲已開始老化，令公司收入及利潤出現下跌。IGG 在 2019 年曾推出多款遊戲，但

成績一般。未來期望 IGG 可以推出一款新遊戲能夠被市場接受，成為熱門暢銷遊戲。

積極發展海外市場

IGG 雖然在內地也有一定的市場份額，但是無法與騰訊及網易比擬。根據艾瑞咨詢數據，2019 年第一季度，內地移動遊戲上市公司中，騰訊遊戲市場份額高達 51.53%，網易遊戲市場份額為 17.45%，而 IGG 市場份額則小到無統計在內。

內地遊戲市場雖然足夠大，但在經歷多年的高速發展後出現了增長乏力的迹象，且版號限制等管控政策充滿不確定性，對各個遊戲開發商和運營商而言，都是發展路上一個隱藏的地雷。而加碼海外市場，擴大國際化程度就顯得尤為重要了。在這方面，經過多年的海外經營，IGG 目前的收入有超 70% 是來自海外，遊戲已經覆蓋全球 200 個國家，月活躍用戶達 1900 萬，在 10 個國家有海外本土開發和運營團隊。IGG 的海外收入佔比高，可以有效規避監管風險和集中度風險。

5G 發展機遇

5G 的技術進步將推動下一波移動遊戲產業的創新浪潮。由於下載和上傳速度大幅提升，移動遊戲幾乎可以瞬時下載完成。5G 帶來的超低延遲，縮短了請求進出服務器的時間。今天的 4G 網絡幾乎不可能實現多人實時在線遊戲，特別是競技遊戲，在 5G 時代肯定可以實現。一旦 5G 與電競結合，手遊產業將前所未有地高速發展。在遊戲變現方面，由於 5G 能夠比以往更快速地傳輸內容，當下常見的視頻廣告和可玩廣告可根據玩家的需求做出改變。

IGG 作為一家老牌的手遊公司，將極大受惠於 5G 的發展，讓我們拭目以待。

公司財務摘要

下面我們來看看 IGG 的財務狀況。

IGG 2016 - 2018 年的財務摘要

	2016/12	2017/12	2018/12
盈利 Net Profit（百萬）	563	1,219	1,482
每股盈利 EPS	0.4164	0.9158	1.1492
每股盈利增長 EPS Growth (%)	79.07	119.94	25.49
市盈率	25.84	13.89	5.59*
股東權益回報率 ROE (%)	37.06	68.08	66.94
總營業額 Turnover（百萬）	322,087	607,253	748,785

資料來源：IGG 2016 - 2018 年年報
* 數據截至 2020 年 2 月 18 日

基本分析

IGG 的盈利過去 3 年均有穩定增長，每股盈利增長在過去 3 年均超過 25%，相當不錯。股東權益回報率在過去兩年更是超過 65%，數字非常喜人。截至 2020 年 2 月 18 日的市盈率只有 5.59 倍，估值比較便宜。

接下來我們看看 IGG 的股價走勢。

技術分析

Edwin Sir 通常用他獨特的「通道圖」來分析。

IGG 的股價在 2015 年 7 月到 2016 年中都在通道底徘徊，所以該通道底是比較可靠的。IGG 的股價曾在 2017 年觸及通道頂部，股價創了新高，之後股價上下波動幅度比較大。2020 年 2 月的股價在通道底部徘徊。預計 IGG 的股價未來兩年會在 HK$6 至 HK$16 之間波動。需留意該股的波幅比較大，投資者需控制好風險。

IGG 股價圖（數據截至 2020 年 2 月 18 日）

總結

隨着 5G 的發展，有些公司會隨着科技的發展而有新的突破，有些公司則可能會沒落。IGG 暫時還是一家有競爭能力的公司，需留意 5G 上馬之後該公司的新發展。IGG 的市盈率只有 5.59 倍（截至 2020 年 2 月 18 日），比較便宜。過去 3 年的每股盈利增長均超過 25%，算是不俗。目前股價在通道底附近徘徊，暫時可以列入觀察名單。如在通道底買入持有至中軸，也有不錯的回報。

公司簡介

2007 年 10 月 9 日，金山軟件在香港聯交所主板掛牌上市，招股價為 HK$3.6。

金山軟件創建於 1988 年，是中國領先的應用軟件產品和服務供應商，主要經營辦公軟件、雲服務以及遊戲三大業務，主要對應金山 WPS、金山雲以及西山居三家子公司。

在辦公軟件和雲服務業務的拉動下，金山軟件收入快速增長。2018 年辦公軟件和雲服務業務收入快速增長，分別實現 56.05%、66.41% 的增速，但遊戲業務受西山居影響下滑 18.22%。

金山辦公軟件

主要包括 WPS Office 辦公軟件和金山詞霸等。盈利模式主要分為辦公軟件產品使用授權、辦公服務訂閱和互聯網廣告推廣三種。2018 年 12 月，公司主要產品月度活躍用戶數（MAU）超過 3.10 億，其中 WPS Office 桌面版月度活躍用戶數超過 1.20 億，領先其他國產辦公軟件；WPS Office 移動版月度活躍用戶數超過 1.81 億。WPS Office 桌面端目前市場佔有率近 30%，移動端市場佔有率超 90%。

WPS Office 是中國政府應用最廣泛的辦公軟件之一，70 多家部委、辦、局級中央政府單位中被廣泛採購和應用，在中國內地所有省級政府

辦公軟件的採購中，WPS Office 佔據總採購量近三分之二的市場份額，居國內外辦公軟件廠商採購首位。

金山雲

雲板塊（辦公 SaaS+ 金山雲 IaaS）在金山軟件的整體收入中佔比有望達 70%，後續將進一步提高。金山雲市場份額已佔據中國公有雲 IaaS 市場 5.2% 的份額，內地排名第五。

金山旗下的西山居在遊戲製作與運營方面有着非常豐富的經驗，而在小米生態方面的數據也把握到了遊戲雲增量市場。金山視頻雲已經服務了視頻行業 TOP20 全部客戶、80% 以上的知名直播及短視頻 App。

2014 年，雷軍提出了「All-in 金山雲」戰略，小米生態是金山雲的強大後盾。2012 年，就在金山雲成立的同一年中，小米了收購金山雲 9.87% 股份，之後，小米也一直對金山雲給予了最強有力的業務支持。

遊戲業務

西山居有 20 餘年遊戲開發經驗，積澱深厚，是內地最早的遊戲開發工作室。1996 年 1 月，西山居發布了中國大陸第一款商業遊戲《中關村啓示錄》。在過去的 20 年間，西山居共製作了 11 款經典遊戲產品，許多產品至今仍為玩家所津津樂道，特別是被媒體稱為中國遊戲第一品牌的《劍俠情緣》系列。

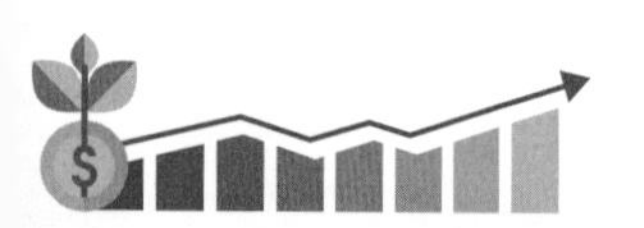

5G 發展機遇

為順應 5G 發展，金山雲提出「向上 AI 化，向下邊緣化」的策略。「向上 AI 化」即金山雲 CDN 服務無縫對接 AI 產品，可提升圖像質量、降低帶寬成本。「向下邊緣化」即金山雲推出邊緣計算平台服務，降低時延和帶寬傳輸成本，提高內容分發效率和體驗。

作為「央視網」的合作伙伴，金山雲為央視各種重大活動的直播提供保障。2019 年春晚，中央廣播電視總台和央視春晚深圳分會場之間，通過 5G 網絡回傳 4K 超高清信號；金山雲還與合作伙伴一起進行 VR 直播，這些都是金山雲在 5G 年代在視頻方面的具體應用。

金山雲在 5G 時代的發展潛力不可低估，加上有小米 AI 和 IoT 生態的加持，金山軟件有機會在 5G 的發展中大放異彩，讓我們拭目以待。

公司財務摘要

下面我們來看看金山軟件的財務狀況。

金山軟件 2016 - 2018 年的財務摘要

	2016/12	2017/12	2018/12
盈利 Net Profit（百萬）	-301	3,839	443
每股盈利 EPS	-0.2334	2.9493	0.3302
每股盈利增長 EPS Growth (%)	-166.42	1363.83	-88.80
市盈率	/	5.97	83.89*
股東權益回報率 ROE (%)	/	26.49	2.99
總營業額 Turnover（百萬）	3,834	5,181	5,906

資料來源：金山軟件 2016 - 2018 年年報
* 數據截至 2020 年 2 月 18 日

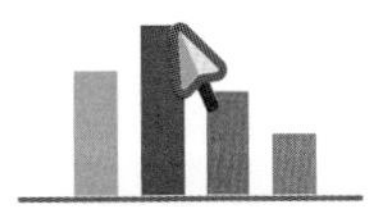

基本分析

金山軟件曾在 2016 年出現虧損，所幸 2017 年開始轉虧為盈，然而 2018 年其業績大幅下降，顯示公司的業務受到一定的挑戰。截至 2020 年 2 月 18 日的市盈率為 83.89 倍，以同類公司來看，估值偏高。加上 2018 年的股東權益回報率只有單位數，現階段宜納入觀察名單。

接下來我們看看金山軟件的股價走勢。

技術分析

Edwin Sir 通常用他獨特的「通道圖」來分析。

金山軟件的通道圖是從 2011 年開始形成，股價最低 HK$2.8，之後曾經兩次到過 HK$36 的高位。這隻股票是本書作者 Edwin Sir 的愛股之一，曾經在低位買入並賺了 8 倍。該股最近兩年比較沉寂。隨着 5G 的發展，金山軟件的雲計算業務，重新被市場重視，因此股價從 2019 年初開始拾級而上。未來兩年股價會在通道上下波動，大約是在 HK$16 至 HK$36 之間。隨着 5G 的上馬，看看該股會不會有機會挑戰歷史高位 HK$36。

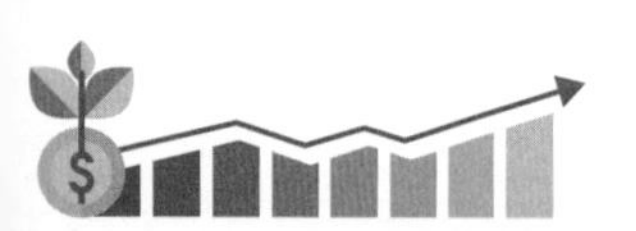

金山軟件股價圖（數據截至 2020 年 2 月 18 日）

總結

金山軟件在辦公軟件及視頻雲方面在中國內地佔據重要的份額，基本分析顯示其市盈率為 83.89 倍（截至 2020 年 2 月 18 日），屬於偏高，加上股東權益回報率只有 2.99%，宜密切觀察。技術分析方面，其股價處於一個輕微的上升通道，期望 5G 在未來的大規模應用，可對其股價起到提振作用。

公司簡介

阿里巴巴於 2019 年 11 月 26 日在香港聯交所主板第二上市，招股價為 HK$176。在香港上市之前，阿里巴巴早已於 2014 年 9 月 19 日在紐約證券交易所掛牌上市（股票代碼 BABA）。

阿里巴巴和港股的緣分可以追溯到 2007 年，當時阿里巴巴以 B2B 業務為主體，在港交所上市。但後來於 2012 年以每股 HK$13.5 的發行價私有化，悄然退市。在 2013 年決定整體上市時，因為「同股不同權」的制度原因，不得不放棄香港上市，轉投美國市場。在港交所改革掃清障礙之後，阿里巴巴再次登上港股舞台。香港上市後，阿里巴巴的美國存託股將繼續在紐交所上市並交易，每一份美國存託股相當於 8 股普通股。

阿里巴巴集團創立於 1999 年，為全球最大的網上貿易市場，電子商務行業巨頭。截至 2020 年第二季度，阿里巴巴中國零售市場移動月活躍用戶達 7.85 億、年度活躍消費者 6.93 億。

阿里巴巴四大業務

核心商業（CoreCommerce）： 2019 年總營收佔比 86%。主要包括內地商業（淘寶和天貓、B 端廣告交易平台阿里媽媽、內貿 1688.com 平台）、國際商業（速賣通、Lazada、外貿 alibaba.com 平台）、菜鳥物流（持股 63%）、本地生活（口碑、餓了麼）、其他（銀泰商業 & 盒馬等新零售、天貓超市自營等商品銷售）。

數字媒體及文娛（DigitalMedia & Entertainment）：2019 年總營收佔比 7%。阿里數媒和文娛板塊主要為公司的文娛類互聯網流量入口及內容佈局，主要包括在線視頻（優酷土豆）、瀏覽器（UC）、在線票務（大麥）等互聯網入口，以及阿里影業、阿里音樂、阿里遊戲和體育等內容端。

雲計算（Cloud Computing）：2019 年總營收佔比 6%。阿里雲計算業務主體即阿里雲，除支持自身業務生態外，對外提供雲計算服務。

創新投資（Innovation Initiatives）：2019 年總營收佔比 1%。阿里創新投資板塊主要為阿里戰略性投資佈局和研發探索性業務，主要包括地圖（高德）、辦公社交（釘釘），以及 IoT 物聯網、AI 人工智能等領域的前瞻研究。

5G 發展機遇

5G 時代，雲計算將迎來爆發式的增長，在 Gartner 發布的 2019Q2 報告裏，阿里雲在亞太市場坐穩頭把交椅，在全球市場坐三望二，增長速度接近翻倍，勢頭迅猛。

阿里雲已服務超過 59% 的中國上市公司，包括政務、遊戲、金融、電商、移動、醫療、多媒體、物聯網、O2O 等行業。阿里雲在全球 18 個地域已建立 200 多個飛天數據中心，累計服務超過 200 個國家、230 萬以上企業客戶，全面經受起阿里雙十一、铁路 12306 春運等極限併發場景的考驗。在 2019 年雙十一購物狂歡節，天貓又創下 2684 億元的單日交易額歷史新紀錄，其背後阿里雲的技術支持功不可沒。

另外，阿里巴巴集團旗下半導體公司「平頭哥」開發的 RISC-V 處理器「玄鐵 910」，將大大降低高性能端上晶片的設計製造成本，未來將廣泛應用在 5G、人工智能、網絡通訊、自動駕駛等領域中。

再者，阿里巴巴人工智能實驗室的「家庭大腦」計劃，將以「天貓精靈」智能音箱為家庭終端，融合語音、視覺、觸摸等多種人機交互方式，通過 AI 感知、理解和決策能力，打造 5G 時代的智慧家庭。

公司財務摘要

下面我們來看看阿里巴巴的財務狀況。

阿里巴巴 2017 - 2019 年的財務摘要

	2017/03	2018/03	2019/03
盈利 Net Profit（百萬）	49,305	79,962	102,247
每股盈利 EPS	2.4723	3.9116	4.9489
每股盈利增長 EPS Growth (%)	/	58.22	26.52
市盈率	/	/	43.44*
股東權益回報率 ROE (%)	15.50	17.35	17.55
總營業額 Turnover（百萬）	158,273	250,266	376,844

資料來源：阿里巴巴 2017-2019 年年報
* 數據截至 2020 年 2 月 16 日

基本分析

阿里巴巴的盈利每年都有大幅度的增長，令人非常欣喜。每股盈利增長在過去兩年均超過 25%，以及股東權益回報率在過去 3 年均超過 15%，相當不錯。截至 2020 年 2 月 16 日的市盈率為 43.44 倍，相對來說略高。因此，從基本分析的角度來看，阿里巴巴是一家值得大家密切留意的公司。

接下來我們阿里巴巴的股價走勢。

技術分析

Edwin Sir 通常用他獨特的「通道圖」來分析。

由於阿里巴巴是在 2019 年 11 月才在香港上市，港股通道圖只有短短幾個月，參考意義不大。因此我們特別把在美國納斯達克的通道圖畫出來給大家參考。

可以從通道圖中看到，阿里巴巴未來兩年會在 HK$180 至 HK$240 之間波動。這種大市值並具話題性的公司，如有重大利好因素出現，其股價也有突破通道頂部的可能性，屆時我們將重新調整這幅通道圖。

阿里巴巴港股股價圖（數據截至 2020 年 2 月 16 日）

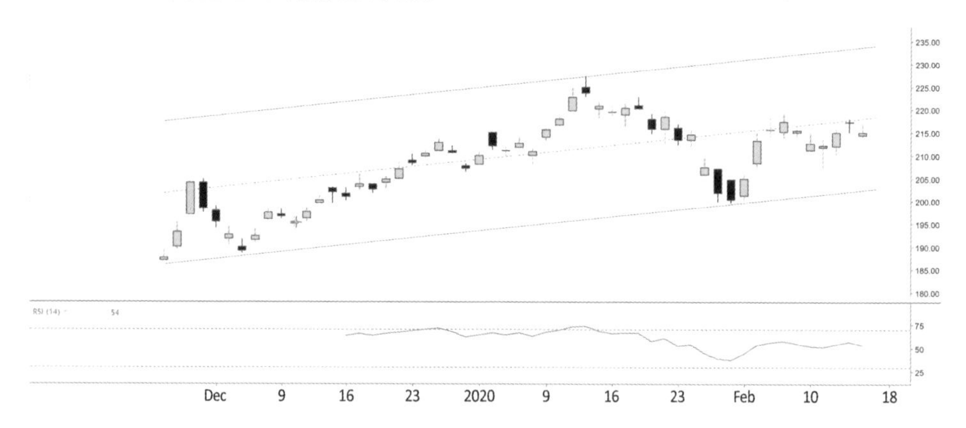

阿里巴巴納斯達克股價圖（數據截至 2020 年 2 月 16 日）

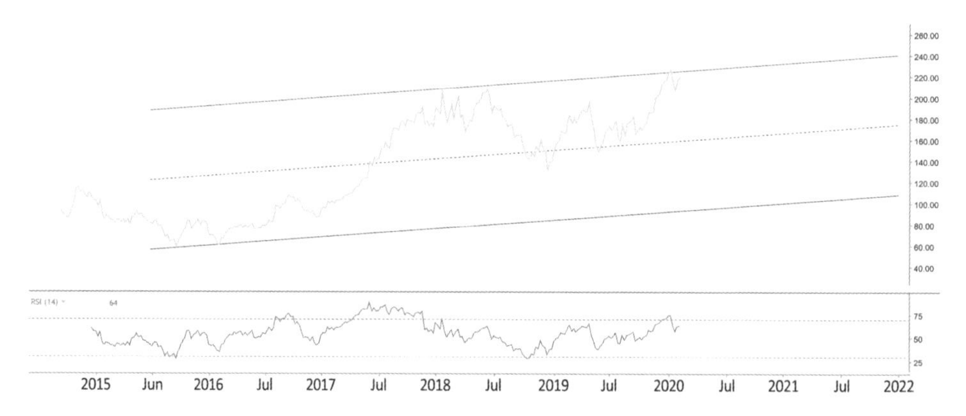

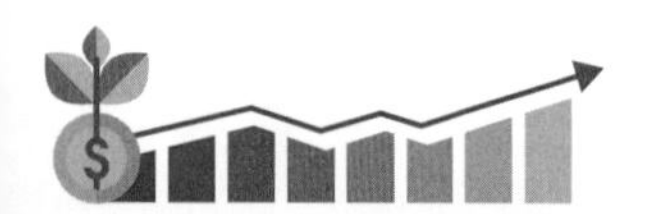

總結

阿里巴巴的淘寶網及支付寶已是非常多讀者日常生活中離不開的工具，因此其發展潛力是毋庸置疑的。阿里雲及其他人工智能業務也會在5G 年代迎來高速增長的機遇。從基本分析來看，ROE 及 EPS 增長均相當不錯。技術分析則顯示其處於一個上升軌道，如有機會在通道底部買入，並長期持有，會有相當好的回報。

爆升指數 4

第六章 5G新時代已經到來

5G 是生產力的量子飛躍

5G 被形容為第五次工業革命，是繼蒸汽機、電力、汽車、互聯網之後的革命性的新技術，是驅動下一個 10 年信息產業和社會經濟發展的巨大引擎。它不僅僅是簡單的一項技術進步，而是一次技術上的量子飛躍，令未來生產力實現爆發式的提升。

根據 IHS Markit 預測，到 2035 年 5G 將在全球創造 12.3 萬億美元經濟產出。中國方面，據估算到 2030 年，中國 5G 直接產出和間接產出將分別達 6.3 萬億元人民幣和 10.6 萬億元人民幣。2020 至 2030 年直接產出和間接產出年均複合增長率將分別為 29% 及 24%。

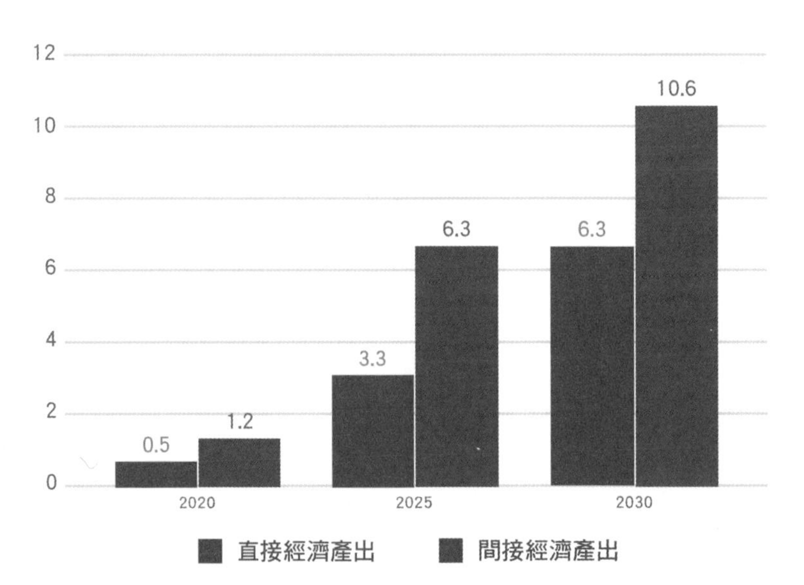

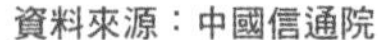
資料來源：中國信通院

實際上，5G 的最大意義在於，以 VR、AR、雲計算、大數據、萬物互聯、智能家居、人工智能、無人駕駛等為代表的新經濟，在一張成熟的 5G 網絡建成後能夠加速發展。美國高通公司預計，2020 至 2035 年將有 12 萬億美元的業務創新與業務場景與 5G 相關。IHS 數據預計全球 2020 至 2035 年 5G 相關產業達 24 萬億美元。

5G 拉動新經濟發展示意圖

	蒸汽時代	電氣時代	信息時代
核心增長驅動力：	工業產品的大規模生產	電力驅動帶動生產力進一步提升	管理信息化、生產信息化、互聯網技術和模式創新
經濟增長的基礎：	鐵路、公路等交通設施，實現商品大規模流轉	電網、化石燃料等能源設施	信息高速網絡

新興產業開拓	・物聯網 ・智能駕駛 ・車聯網 ・大數據分析 ・……	高速網絡基礎設施
傳統產業升級	・網絡營銷 ・工業自動化 ・智能家居 ・智慧城市 ・……	

5G 改變社會

可以預期，5G 將改變整個社會的許多行業。

5G 提供高速率、低時延的網絡承載，將會促進更多的互聯網應用向雲端發展，未來所有的數據都上傳到雲端，隨之而來雲游戲、雲視頻、雲機器人、雲辦公等新型業態會大量湧現。

物聯網和雲計算、人工智能相結合，萬物互聯互通，物流、家居、醫療等各方面都變得智能，我們可以遠程操控家裏的電器等物件，生活更愜意。車聯網的發展使出行更加快捷安全，未來交通事故會大幅度減少，交通堵塞情況也會好轉。

大視頻和 VR 技術將應用在教育培訓上，未來學生們在教室上課不僅僅是聽老師講，而是可以借助 VR 模擬各種場景，加深印像，提高學習效率。

上述這些場景離我們並不遙遠，2019 年開展擴大規模試商用，預計 2020 年大規模正式商用後，以上的各種應用會陸續同我們見面。

4G 改變生活，5G 改變社會，讓我們共同期待這一切暢想的實現。

總結：5G 股票投資要點

讀者可能最關心的是哪些股份可受惠於 5G 發展？另外，他們什麼時候可以開始受惠？

整體而言，5G 產業發展可分為網絡基建、電訊商及手機商及雲端大數據、實在應用 3 個階段。在終端產品能夠應用在 5G 網絡之前，會先投入資本於相關的基礎建設之上，因此 5G 發展的路途上，處於 5G 產業鏈第一階段的基建，一般最早受惠。

在網絡發展初期，會先經過網絡規劃過程，為較後期的建設提供網絡優化方案、工程設計、工程勘察等起步工作。中國通信服務（0552）為參與網絡規劃階段及施工服務的公司，各方面表現均不俗，具爆升潛力，值得大家多加留意。

而 5G 網絡中，基站必然是重要的建設項目。而不論宏站或微站，建設後均需運營商管理工作，如為基站安排電力、維修補養等，中國鐵塔（0788）便是最主要的參與者，南京熊貓（0553）也有參與小基站的設備開發。

基站與移動終端產品之間，涉及到無線接入網系統。天線供貨商包括京信通信（2342）、摩比發展（0947）；連接射頻供貨商包括俊知集團（1300），中興通訊（0763）也是 5G 主設備的供應商之一。

5G 網絡層涉及光纖光纜、光模塊及光器件等材料。光纖光纜好比提供光源駕駛的高速公路，而光模塊及光器件負責將光信號轉為電訊號，讓傳感器發送及接收電子信號。參與光纖光纜市場的公司包括長飛光纖光纜（6869）、南方通信（1617）等；昂納科技（0877）則提供光模塊及光器件。長飛光纖光纜（6869）、南方通信（1617）、昂納科技（0877）這 3 隻股票都可以納入爆升股投資名單。

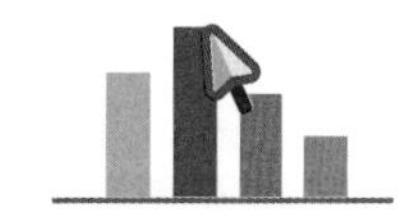

每一次通訊網絡的更新換代，電訊商都需要先投放資本鋪設基站等相關設備。當網絡有足夠的覆蓋率，才能吸引客戶使用相關的服務。可想而知，參與網絡基建的企業一般會先受惠，然後得益的是電訊商，最後得益的是開發各種 5G 實際應用的公司。

踏入 5G 商用期後，電訊商例如中國移動（0941）、中國聯通（0762）、中國電信（0728）、電訊盈科（0008）、數碼通（0315）、香港電訊（6823）、和記電訊（0215）、中信國際電訊（1883）等，於 2020 年之後的資本投入將會明顯增加。

由於 5G 網絡所需的基站將遠多於 4G，這將加重電訊商的資本開支負擔。因此 5G 發展初期，網絡很可能只覆蓋小部分城市或地區，主要是人口較密集的一線城市，再逐步延伸至其他城市或地區。此外，電訊商為控制成本，5G 發展初期亦較大機會使用 NSA 的組網方式建構過渡性的 5G 網絡，當需求上升，才逐漸轉為 SA 架構。因此，5G 的基建投資將較為漸進與漫長。

5G 網絡建設後，便可讓用家體驗相關的終端產品，包括手機產品、可穿戴設備、物聯網設備、雲端大數據、高清視頻等。手機商及配件的受惠公司主要包括比亞迪電子（0285）、信利國際（0732）、高偉電子（1415）、丘鈦科技（1478）、小米集團（1810）、舜宇光學（2382）、瑞聲科技（2018）等，物聯網相關則包括晨訊科技（2000），雲端大數據方面有中國軟件國際（0354）。其中比亞迪電子（0285）、舜宇光學（2382）、晨訊科技（2000）具備優秀的爆升潛力，值得重點留意。

到了 5G 真正落地到各種應用的時候，在無人駕駛、AR、VR、手機

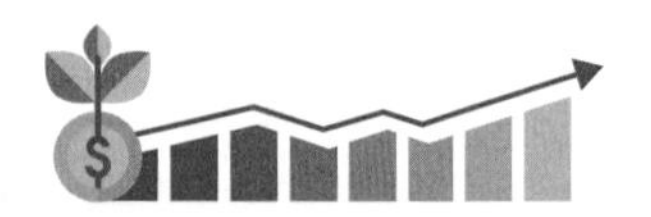

遊戲、流動應用程式（App）等方面都會出現今天難以預計到的巨大發展，屆時不單是我們介紹的公司會受惠，例如中國軟件國際（0354）、騰訊（0700）、網龍（0777）、IGG（0799）、金山軟件（3888）、阿里巴巴（9988-SW）等等，還可能會出現一批從未出現過的新生力量，正如4G 年代崛起了一大批互聯網巨頭一樣。

我們將持續關注 5G 這個話題，期望在下一本關於 5G 的股票投資書再和大家分享更多更精彩的內容。

最後，衷心感謝各位讀者的支持。

▲ 發現未來爆升股 ▲

5G新時代

作者 ：Edwin sir、Michael Chau、Charles Lam
責任編輯：高山
封面設計：簡雋盈
出版 ：明窗出版社
發行 ：明報出版社有限公司
香港柴灣嘉業街 18 號
明報工業中心 A 座 15 樓
電話 ：2595 3215
傳真 ：2898 2646
網址 ：https://books.mingpao.com/
電子郵箱：mpp@mingpao.com
版次 ：二〇二〇年三月初版
ISBN ：978-988-8526-08-6
承印 ：美雅印刷製本有限公司